細胞の不思議

すべてはここからはじまる

著＝永田和宏
絵＝キム・イェオン

講談社

細胞の不思議
すべてはここからはじまる ● 目次

1

身体の中の細胞の数

私たちの身体を作っている細胞の数が60兆個であることは、多くの人が知っていると思います。２０１４年度の日本の国家予算が96兆円（当初予算）といいますから、それに匹敵する数です。

60兆などといわれても、誰にもそんな途方もない数が実感できるとは思えません。まず、どのくらいの数なのかを実感してみましょう。

その前に、一個一個の細胞の大きさを知ることから、始めなければなりません。私たち動物細胞の大きさを知っていますか？　細胞にも当然、さまざまな大きさのものがありますが、動物細胞の大きさは、平均すると10〜20ミクロンだといわれています。1ミクロンは、1ミリメートルの1000分の1ですね。当然、肉眼では見えません。

赤血球などはもっと小さく約6ミクロンくらいですし、神経細胞の中には1メートルにもなる長い細胞もあります。平均10〜20ミクロンと覚えておきましょう。

さて、このように小さく目に見えない細胞ですが、私たちの身体の中には、細胞は全部で約60兆個存在している。それでは、あなたの身体の細胞をばらばらにして一列に並べてみれば、どのくらいになるでしょう。簡単な算数の問題ですね。10ミクロン×60兆、答えは60万キロメートル。これがどのくらいの長さかといえば、地球1周が4万キロメートルですから、実に地球15周分にあたります。

私たちは、誰も例外なく、たった1個の細胞からスタートしました。卵子に精子が受精し、それぞれの親からの遺伝子が合わさって1個の受精卵になった。それが分裂して2個になり、4個になり、8個になりと次々に分裂して、今や60兆個にも

Cell.

ヒトの身体は小さな宇宙
細胞は宇宙に瞬く星のよう

なったというわけです。その細胞の総延長が地球15周分。

あなたが生まれてから、毎日歩き通したとして、どのくらいの距離を歩けるものでしょうか。江戸時代の俳人、松尾芭蕉に『奥の細道』という紀行文があることはよく知っていると思います。芭蕉の全行程は２４００キロメートルにも及んだといいますが、その距離を芭蕉は、１５０日かけて歩いています。もちろん毎日歩いているわけではないのですが、細かく調べて、芭蕉が毎日どれだけの距離を歩いたかをつきとめた人がいます。それによると、もちろん歩きながらいろいろな場所を見ていくのですから、日によって差がありますが、多い日には40キロメートル以上、おおよその平均では30キロメートルくらいになるでしょうか。

あなたも芭蕉のように、ちょっと頑張って1日に30キロメートルを歩くとしましょう。20年かけて歩いたとすると、その距離は約22万キロメートル。あなたの細胞を一列に並べた距離の3分の1に過ぎません。私たちは、毎日細胞を作っているなどと思いながら大きくなったわけではありませんし、知らないうちに大きくなっていたというのが実感でしょうが、その間に、あなたは間違いなく地球15周分にもあたる細胞を〈自分で〉作っていたのです。どんなに頑張って歩いたとしても、自分が作り出した細胞の全長の3分の1にしか達しない。誰の助けも借りずに、それだけの細胞をあなた自身が作ってきた。すごいことです。

2 どのくらいの種類の細胞があるの？

私たちの身体の中には60兆個の細胞があるといいました。それらはみな同じ細胞というわけではありません。いろいろな機能を持った種類の違う細胞からできているのです。はじめは1個の受精卵であったものが、次々に分裂を繰り返し、これだけの数になったのですが、それよりもさらに驚きなのは、同じ1つの細胞が分裂していくなかで、個性のはっきり違った幾種類もの細胞を生み出していったことです。

1個の細胞が2つになるとき、のちに述べますが、遺伝子を正確に複製して、それぞれの娘細胞に等分に分配します。もとの細胞と、2つに分裂した娘の細胞は、遺伝子としてはまったく同じ性質を持っているのです。にもかかわらず、分裂を繰り返すあいだに、あるものは皮膚の細胞になったり、あるものは神経細胞、筋肉の細胞、胃や腸の表面の細胞など、一見しただけでもはっきり違いのわかる別種の細胞になっていきます。これを分化といいますが、驚くべきことです。皮膚の細胞も、神経の細胞も、まったく同じ遺伝子を持っているのですから……。どのようにして同じ遺伝子を持った細胞が、違った性質を持った細胞になっていくのか。分化と発生については、またのちに述べることにしましょう。

現在、ヒト（人間を生物学的にいう場合には、ヒトとカタカナ表記することになっています）の細胞は、およそ200種類あるといわれています。それを表1のよ

細胞は

どんなものにも

変幻自在

うに機能によっておおまかに分けてみることもできます。

簡単に見てみると、骨、軟骨など人体の構造を作る細胞。身体の中のさまざまな器官の表面を形作ってそれらの仕切りを作る細胞、これは上皮細胞と一般にいわれます。肝臓や膵臓《すいぞう》など、分泌タンパク質を作って身体じゅうに配送する細胞もあります。血液細胞、筋細胞、神経細胞などは説明するまでもなくなじみの深い細胞ですね。匂いや音、光などを感じる感覚器の細胞も大切なものですし、精子や卵子を作る生殖細胞は子孫を残すためには必須の細胞といえましょう。

もちろんこれはわかりやすくその機能に沿って分けたものですが、細胞の性質によって分類してみれば、私たちの身体を作っている組織を大きく4つに分けることができます。その一つが上皮組織で、体表面や器官の表面を作る細胞、先に仕切りを作る細胞

人体の構造を作る	骨細胞、軟骨細胞、エナメル芽細胞、脂肪細胞、線維芽細胞 など
仕切りを作る細胞	小腸上皮細胞、肺胞上皮細胞、尿細管細胞 など
タンパク質製造工場	肝細胞、膵腺房細胞、副腎皮質細胞、甲状腺濾胞細胞 など
血液細胞	赤血球、白血球、リンパ球、マクロファージ など
筋細胞	平滑筋細胞、骨格筋細胞 など
神経細胞	脳のニューロン、グリア細胞 など
感覚器細胞	嗅細胞、味細胞、視細胞、内耳の有毛細胞 など
生殖細胞	精細胞、卵細胞 など

表1 機能による細胞の分類

といったものがそれに当たります。また結合組織は器官と器官、組織と組織をつなぐもので、骨、軟骨、血液などもこれに分類されます。あと2つは筋組織と神経組織です。これら4つのどれかに、すべての細胞を分類することもできます。

3 いろいろな顔を持った細胞

私たち動物の身体を作っている細胞は、表面的な形の違いを別にすれば、その構造はどれもほぼ同じです。細胞の内部の構造についてはあとで述べますが、まず一番大きな特徴は、細胞の中に核を持っていることで、核を持った細胞を真核細胞と呼びます。それでは核を持たない細胞というのもあるのでしょうか。

実はそんな細胞もあるのです。原核細胞と呼びますが、大腸菌や結核菌、赤痢菌やコレラ菌など、どれも怖そうな細胞ですが、これら細菌（正確には真正細菌・バクテリア）と呼ばれる細胞には核がありません。もちろん細菌がみんな病原性を持っているかといえばそんなことはなく、なんだか不潔の代名詞のようにいわれている腸管の中の大部分の大腸菌には病原性はありません。また、乳酸菌は名前のとおり乳酸を作って、ヨーグルトや乳酸菌飲料、漬物などを作る際に発酵を行うのに関与する細菌です。

核を持っているか持っていないか、それは細胞を考えるときには大切な性質の違いになります。核の中には、遺伝子の本体、DNAがしまわれています。原核細胞からなる生物を原核生物と呼びます

真核生物

核を持った細胞

- ヒト
- 動物
- 植物
- 酵母 など

が、原核細胞ではＤＮＡは細胞質の中に露出しています。原核生物は１個の細胞が１個の生命であるものが多く、これを別に単細胞生物と呼ぶこともあります。それに対して、多数の細胞からなっている生物は多細胞生物。私たち動物個体はもちろん多細胞生物の代表でもあります。

　真核生物はすべて多細胞生物なのでしょうか。この答えはノーです。真核細胞の中にも単細胞生物として生きているものは多くあります。酵母は代表的な単細胞生物としての真核細胞です。酵母とい

真正細菌（バクテリア）

核を持っていない細胞

- 大腸菌
- 結核菌
- 赤痢菌
- コレラ菌 など

古細菌（アーキア）

核を持っていない細胞

- メタン菌
- 高度好塩菌
- 超高熱菌 など

えば、パン酵母やビールや酒を作る酵母などがすぐに頭に浮かぶでしょう。ワインも酵母の働きから生まれます。酒類は発酵によってできることはよく知っているでしょうが、酵母の「酵」は発酵の「酵」なのです。パンを作るときイースト菌を入れるといいますが、このイースト（yeast）が英語で酵母を意味します。

私たちヒトの身体は、真核細胞からできていますが、私たちの中には原核

それが問題だ！

細胞である細菌が実はいっぱい住んでいます。むしろ住んでいただいているというべきであり、小腸の中には細菌はほとんどいませんが、大腸の中には驚くほどの細菌が住んでいます。その数、なんと100兆個。えっ、と思われるでしょうが、実は私たち一人のヒトのすべての細胞数よりもたくさんの数の細菌が住んでいるのです。細菌の大きさと形はさまざまなので一概に比較できませんが、平均の大きさは動物細胞の約10分の1と考えてよく、1ミクロンほどで

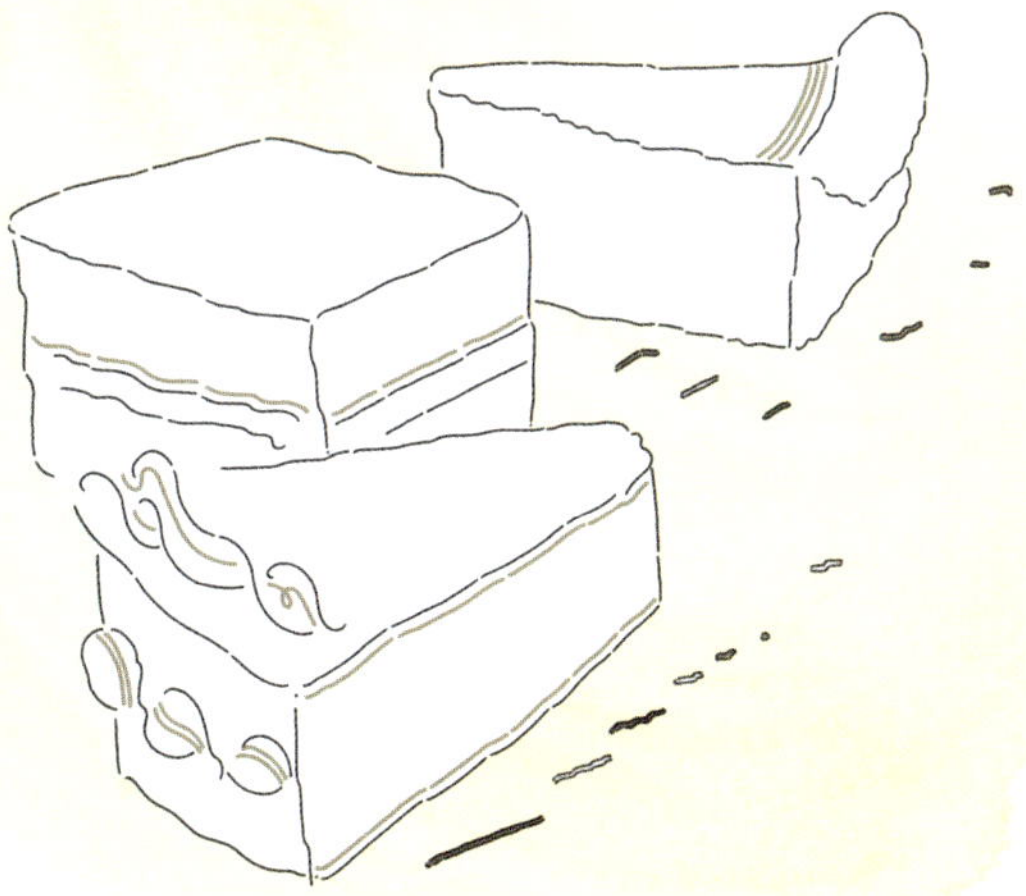

核を持っているか持っていないか、

す。しかし、それが１００兆個ともなると、私たち一人の人間の中の細菌だけで地球を2周半もできる長さになってしまいます。なんともすごいことです。これらは腸内細菌と呼ばれますが、私たちの腸の中には二〇〇種類ほどの腸内細菌が住んでいて、病原微生物が侵入してきたとき、その排除に働いたり、消化を助けたりもしています。一種の共生関係ですね。

細菌には、酸素を好んで酸素（空気）のある環境で生活している好気性細菌と、酸素を嫌い、できるだけ酸素のない環境で生きようとする嫌気性細菌があります。嫌気性細菌のなかには、酸素があると生育できないものや、酸素があってもなくても生育できるものなどの違いがありますが、腸内細菌の大部分は、酸素があると生育できないものとされています。一般の細菌はどちらでも生育可能なもので、大腸菌などはこの種類です。大腸菌という名前から、腸内の細菌は大部分が大腸菌と考えられがちですが、大腸菌は実は腸内細菌の0・1パーセントにも満たない少数派なのです。反対に酸素がないと生育できない細菌もあり、たとえば結核菌などはそれに属します。結核菌が肺に感染し、そこで増殖することを考えれば、酸素を好むことは理解しやすいでしょう。

もう一つ、別の細胞について説明をしておきましょう。それは古細菌（アーキア）と呼ばれるものです。これも核がない原核細胞ですが、通常の細菌を真正細菌と呼び、アーキアとは区別します。アーキアは古細菌と呼ばれ、もっとも古い細菌と考えられた時期がありましたが、現在では実はアーキアのほうが私たち真核細胞に進化的には近いことがわかっています。アーキアは形態だけではバクテリアとほとんど区別がつきませんが、膜の性質やその他の分子の進化的な研究から、バクテリアとも真核生物とも違った進化的ドメインを形成すると考えられるようになりました。

つまり地球上の生物をもっとも大きく分類すると、真正細菌（バクテリア）、古細菌（アーキア）、そして真核生物に分けることができるのです。この分類をドメインといいます。

4 細胞の中で生きる別の細胞

私たちの身体の中に、バクテリアが共生しているといいましたが、実はバクテリアの共生は、私たちの細胞の内部でも見られるのです。哺乳類に限ったことではないのですが、個々の真核細胞の中にバクテリアがいるなんて聞いたらちょっと驚きませんか。

原始の地球は、酸素のない世界でした。先に述べたような、酸素がなくても生きていける嫌気性細菌の世界です。そんな地球上に酸素が現れ始めたのは、約30億〜27億年前。シアノバクテリアと呼ばれる藍藻のなかまが繁茂し始め、シアノバクテリアが光合成によって酸素を作り出します。やがてほぼ20億年ほど前になると、現在の地球のような酸素濃度を持った大気が形成されたと考えられています（図1）。

シアノバクテリアによって酸素が作られる前の地球は、二酸化炭素と窒素が支配する環境だったと考えられます。そこに酸素が現れた。素晴らしいことだと思うでしょうが、実はこれは大変なことだったのです。酸素という分子は、反応性の極めて高い分子であり、毒性が強い。他の分子と結合するとそれを酸化してしまいます。物が燃えるのも酸素との結合によるものですね。鉄などもすぐに酸素と結びついて錆びてしまいます。酸素のない地球で生きていた大部分の生物は、この大量の酸素にさらされることによって、大方は死に絶えました。酸素の大量発生は、なんと地球史上、最大の大気汚

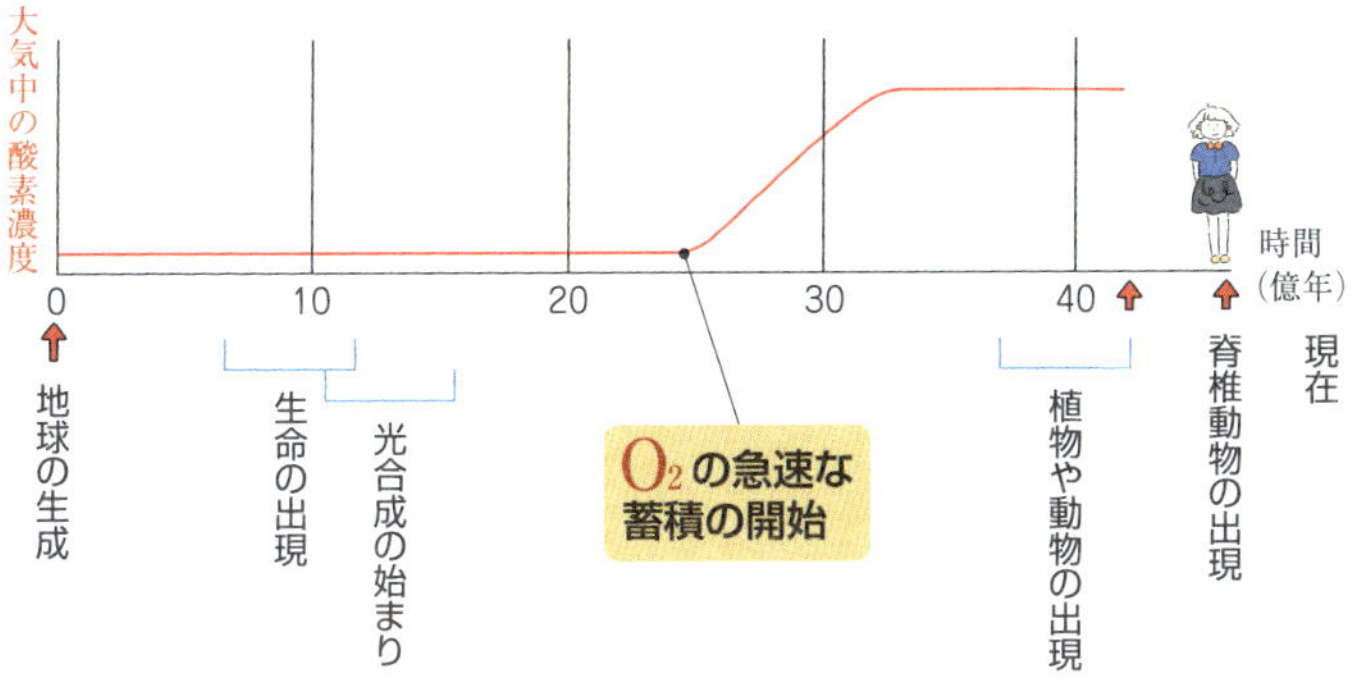

図1 シアノバクテリアと酸素供給

染だったわけです。

しかし、そこが進化のすごいところで、長い時間のなかで、酸素に耐性を持った生物が出現してきます。耐性を持つだけでなく、その酸素を積極的に利用するメカニズムを備えるようになったバクテリア、いわゆる好気性細菌の出現です。エネルギー産生という観点からみると、酸素を利用しない生物より、利用できる生物のほうがはるかにエネルギー効率がいいのです。ですから、そんなバクテリアが地球上に増えていくことになります。

私たちの祖先の細胞、原始真核細胞はもともと酸素を利用できない細胞だったと考えられます。その原始真核細胞に、あるときこの好気性のバクテリアが侵入しました。シャボン玉を指で押すとへっこみますね。細胞膜というのは、伸縮自在、かつ膜同士がくっつきあって融合したり、くびれて2つに分かれたりいとも簡単に行われます。そんなふうにバクテリアがぐいぐいと私たちの祖先の細胞に入って（図2）、やがてそれが細胞の中に入って細胞膜が閉じてしまいました。この好気性のバクテリアが入ることによって、酸素を使ってエネルギーを作ることができるようになりました。そのエネルギーは宿主（寄生生物が寄生する相手）である私たちの細胞に供給されるわけです。具体的にはこのエネルギーはＡＴＰ（アデノシン三リン酸）という分子の形で作られます。私たちの祖先細胞は、これによって効率的に酸素からエネルギーを得ることができるようになったのです。できればこのバクテリアに一緒にいてもらいたい。そこで彼にさまざまの形で奉仕をし始めました。彼が必要とするタンパク質をどんどん供給してやります。バクテリアのほうも、エネルギーさえ供給していれば、あとは何もしなくても宿主が面倒をみてくれるので至極快適。それではずっとここに住むか、ということになって、以来、私たちの細胞の中に住み続けているというわけなのです。

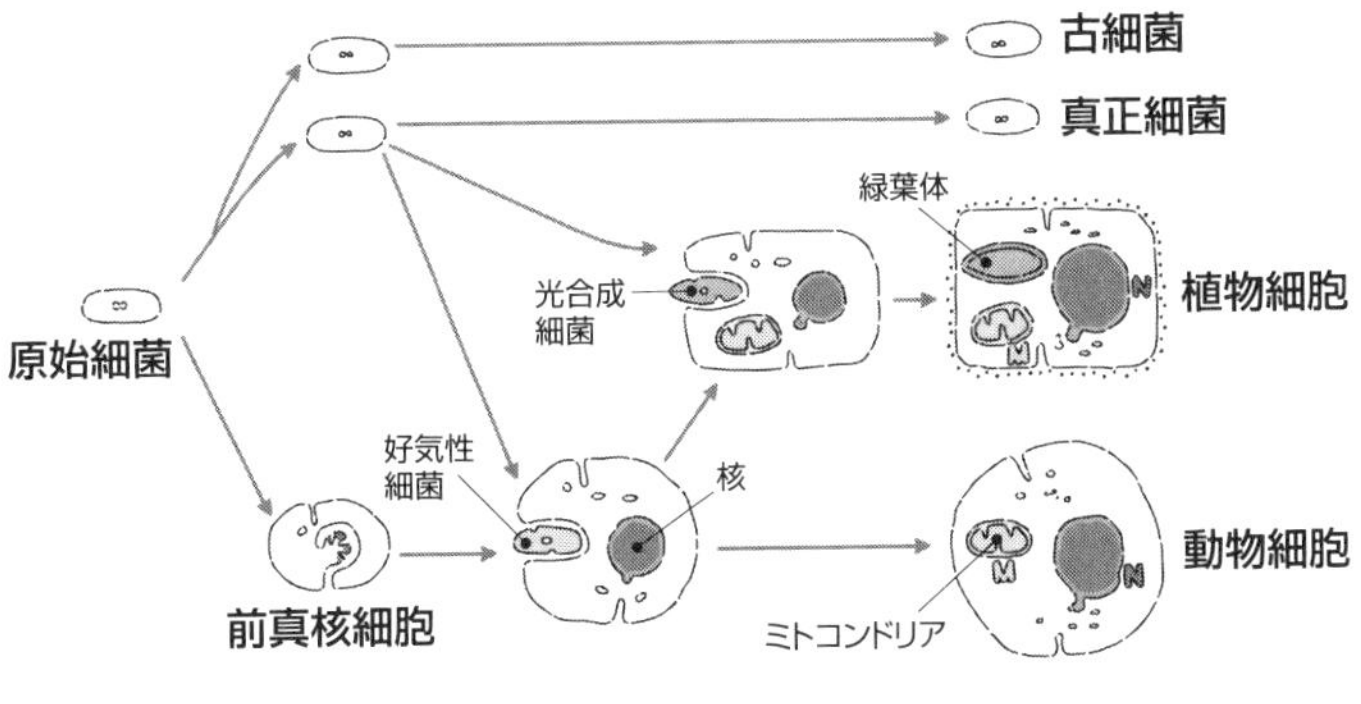

図 2 細胞進化のモデル

これを細胞内共生といいます。バクテリアも私たちもどちらも得をする。まさに共生ですね。私たちの細胞の中で一緒に住む運命になったバクテリアの名は、ミトコンドリア。

ミトコンドリアは現在では、細胞小器官（オルガネラ）と呼ばれています。細胞の中のさらに小さな機能構造体といった意味です。ミトコンドリアが外部から入ってきたバクテリアで、細胞内共生によって生まれたオルガネラであるということを示す証拠がいくつかあります。

細胞はみんな平和主義？

まず、ミトコンドリア自身も自分のDNAを持っています。そして分裂をして増えるのです。ここがいかにもバクテリアですね。私たち宿主細胞はもちろん分裂をして増えてゆきますが、その分裂とはかかわりなく、ミトコンドリア自身が勝手に分裂して増えます。私たちの細胞一個の中には、だいたい数百個から数千個のミトコンドリアが含まれていますが、細胞分裂のたびにミトコンドリアの数は半分になるはずです。それはミトコンドリア自身の分裂によって補われます。私たちのエネルギーATPを供給するために営々として増え続け、発電し続けてくれている——ちょっと健気《けなげ》ですね。

しかし、ミトコンドリアはいっぽうでどんどんなまくらになっていったといえるのかもしれません。もともとはバクテリアですから、自分で生きていたはずです。現在、大腸菌には遺伝子が約8000あるとされています。言い換えれば、8000種類くらいのタンパク質を作らなければ、バクテリアとして生きていけないということです。ところがミトコンドリアが現在作り出すことのできるタンパク質の種類はわずか13種類。これはすべてATPを作り出すのに必要な酵素などのタンパク質なのです。つまり、ミトコンドリアは自分の力で生きることを放棄し、エネルギーを作ることだけに特化したバクテリアなのだということができるでしょう。自分が生きるためのタンパク質はほぼすべて宿主である私たちの細胞に依存している。持ちつ持たれつですね。

ミトコンドリアには外膜と内膜がありますが、そのでき方（図2参照）から明らかなように、外膜は実は私たち宿主の細胞膜に、そして内膜はもともとのバクテリアの細胞膜に由来することがわかります。実は外膜に乗っているタンパク質はすべて宿主由来のタンパク質、つまり、宿主のDNAの情報をもとに、細胞質で作られたタンパク質がミトコンドリアに輸送されて、そこで働くようになったものです。いっぽうで内膜のなかの13種類のタンパク質だけが、先に述べたミトコンドリア自身のDNAの情報をもとに作られたタンパク質なのです。ここでもミトコンドリアが外から入ってきたバクテリアであることがわかります。

はるか昔、たまたま私たちの祖先の真核細胞に入ってきたバクテリアにとって、その住み心地は徐々に良くなっていったに違いありません。なにしろ必要な食べ物も衣服もみんな宿主から与えられるようになり、ＡＴＰを作っていさえすれば、何不自由ない暮らしになっていったのでしょう。なまくらになるのもわかりますが、これはバクテリアにとっては堕落ともいえるでしょうか。

ＳＦ作家瀬名秀明さんの処女作『パラサイト・イヴ』は、あるときこのミトコンドリアが復讐を始めるという物語です。長いあいだ私たちの細胞の中で奴隷の地位に甘んじなければならなかったミトコンドリアが、人間界に復讐を始めるというストーリーですが、瀬名さんは元東北大学薬学研究科の大学院生だっただけあって、そこに展開される知識は今述べたような基本を踏まえたもので、私もおもしろく読んだものでした。

ちなみに、こうして外から入ってきたはずのミトコンドリアに、私たち宿主の細胞は、実は生死の決定権をゆだねているともいえるのです。私たちのほぼすべての細胞は、自殺をするメカニズムを備えています。この細胞の自殺をアポトーシスと呼びますが、アポトーシスの引き金を引く権利は、実はミトコンドリアにゆだねられているのです。アポトーシスの司令塔と呼ばれたりもしますが、詳細なメカニズムは省くとして、ミトコンドリアから漏れ出たあるタンパク質がアポトーシスのスイッチに働きます。考えてみれば、なんて危険なと思いませんか。よそ者に自らの生殺与奪の権利を与えているのですから。

5 生命の3つの基本要素

ここまで述べてきたところで、それでは生命とはどう定義すればいいのかについて考えてみましょう。

ここでいう生命とは個体という意味ではありません。個体なら食べること、呼吸すること、などいくらでも考えられますが、生命の基本単位である細胞を考え、細胞が生命としての条件を満たすためには最低限どのような性質を持てばいいのかを考えてみましょう。

このような定義については人によって違う考え方もあることを承知で、私は端的に次の3つを生命が生命であるための基本要素と考えたいと思っています。

第1は、外から区分けされるということです。細胞の場合、この区分けはリン脂質という分子からなる細胞膜によってなされます。生命として1つの単位であるためには、それが他と区別されなければなりません。膜の重要性は後にも少し触れますが、この膜は閉じていなければならないということとともに、実は開いていなければなりません。「閉じつつ開く」。なんらかの形で外界へ開いていなければ、栄養を取ることも、情報を得ることも、また不要物を細胞の中から外へ捨てることもできません。細胞は、「閉じつつ開く」というジレンマを抱えています。それを担っているのが、細胞膜という膜であり、細胞はそんな不思議な膜によって外界から区別されている存在だと、まずいうことができるでしょう。

第2の要素は、自らを複製することができるということです。細胞であれば、分裂ということになりますが、増殖といってもいいかもしれません。自らと同じ性質を持った細胞を複製する。性質が変わってしまっては、自分を残すということになりませんから、そっくり同じものを作る。そのため私たちの細胞は遺伝子という情報の保管装置を持っていて、それをそっくり複製することによって、情報の保存と増幅・伝達を行うのです。私たちの細胞では遺伝子がDNAという高分子によって担われていることは改めていう必要もないでしょう。遺伝子は、私が私であるための基盤を作っていますが、いっぽうで遺伝子は時間を超えて伝えることのできる唯一のものなのです。

リチャード・ドーキンスという学者が、かつて「利己的遺伝子」という考えを提

生命が織りなすウルトラC

唱したことがあります。大胆に要約してしまうと、私たちの細胞は、あるいは私たちヒトを含むすべての生物は、単にそれぞれのDNAを保存し、次の世代に伝えるための〈乗り物〉としてだけの存在なのではないのかというのです。普通は私たち生命が生きるためにDNAを利用していると考えるでしょう。それをドーキンスは、DNAが自己を保存し伝えるために、私たち生物を利用しているだけなのだと、発想を逆転させたのです。これは大きなインパクトを持った発言であり、サイエンスの分野にいる人々だけでなく、一般社会へもかなり大きな衝撃を与えた発言でした。

第3の要素として、代謝ということが挙げられます。生命は自らを維持するために、外界から栄養素を取り入れて、それを自分に必要なエネルギーや構成要素に作り替える必要があります。これを代謝といいます。

生命は自らが自らであるために、自己を保存

するということを本質としています。しかし、保存しているだけでは生命とはいえず、かならず流動していなければなりません。栄養も情報も常に外界との間に出し入れし、自らを作り替える。自らの構成要素を新たに作るほかに、敢えて自らを壊すことによって、新たな自己に置き換える。そのような活動は生命のもう一つの要素となります。福岡伸一さんに『動的平衡』という著作があります。「動的平衡」という概念自体は、生物学において以前からある概念ではありますが、福岡さんはこの「動的平衡」を用いて、みごとな生命論を展開しておられます。代謝だけが「動的平衡」の例ではありませんが、その代表例ともいえるでしょう。

生物はDNAを運ぶ単なる乗り物

6

細胞は細胞から

生命の基本単位は細胞であるといってきました。もちろんそれはごく最近になって明らかになってきたことで、17世紀半ばまでは、細胞という概念そのものがありませんでした。細胞は英語でセル（cell）といいますが、初めてこの言葉を用いたのは、ロバート・フックであったといわれています。１６６５年、フックは今からみると本当かと思えるほどの簡単な顕微鏡を使って、植物のコルクの観察をしました。コルクはコルクガシの樹皮からとりますが、それを薄く切って顕微鏡で見ると、そこには小さな区画が一面に観察されたのです。彼はこの小さな区画を小部屋

細胞はまるでマンションの小部屋

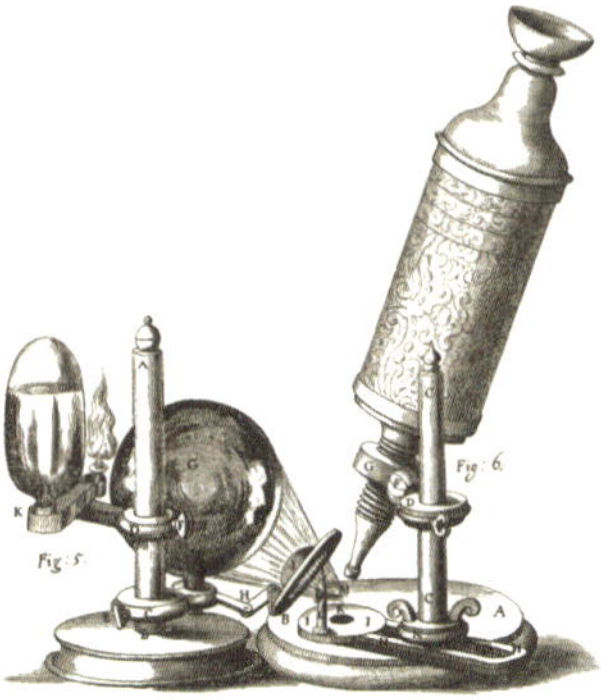

フックの顕微鏡

（Cell）と名づけました。これが細胞を見た最初だといわれています。

ちなみに、ロバート・フックは物理学者として有名な学者であり、フックの法則などの名で覚えている人も多いと思います。フックはこの顕微鏡が気に入っていたようで、さまざまなものを観察しています。１６６５年、それらを『ミクログラフィア』という本にして出版していますが、そこでは極めて緻密な線描画として、ノミやシラミ、ハエなどが息を呑むような美しさで描かれています。科学者でありつつ、絵画の才能も素晴らしかったのだと思わずにはいられません。

このcellを細胞という日本語に置き換えたのは、江戸時代の蘭学者、宇田川榕菴《うだがわようあん》でした。榕菴は、津山藩の蘭学者で、シーボルトとも親交があり、多くの翻訳書を出版しています。そのなかで、特に化学用語の日本語への置き換えを行い、新語を作りました。現在でも使われている酸素、水素、窒素、炭素などの元素名、酸化、還元、溶解、分析などの化学用語もすべて榕菴の造語なのです。そして「細胞」という言葉も。細胞は小さな袋という意味であり、フックのいう小さな部屋とはちょ

Robert Hooke（ロバート・フック：1635～1703年）

イギリスの自然哲学者、建築家、博物学者。王立協会フェロー。実験と理論の両面で重要な役割を果たす。1665年、顕微鏡の観察をもとに出版した『ミクログラフィア』は有名。

っとニュアンスが違いますが、絶妙のネーミングだと思わないではいられません。榕菴自身も実際に実験などをしていたようですが、彼の業績の大きなものは翻訳であったと現在からは考えられます。榕菴の翻訳書に『舎《せい》密《み》開《かい》宗《そう》』という本がありますが、これは日本で初めて出版された化学の教科書。化学を意味するオランダ語Chemieを音写して「せいみ」と呼んだわけです。明治になって政府には「舎密局」などという化学技術の研究教育機関も作られました。京都大学の前身、第三高等学校は、実は「大阪舎密局」から出発しています。榕菴の仕事は近代科学に大きな足跡を残したといわなければなりません。

フックは細胞を観察しましたが、実はその重要性には気づいていなかったと思われます。その重要性を明らかにしたのは、シュライデンとシュワンという2人の学者でした。ロバート・フックの発見から150年以上も時間が過ぎた19世紀前半、1838年と1839年のことです。マティアス・シュライデンはドイツの植物学者、テオドール・シュワンは同じくドイツの動物生理学者でした。2人ともベルリ

Matthias Jakob Schleiden
（マティアス・ヤコブ・シュライデン：1804～1881年）

ドイツの植物学者、生物学者。弁護士から植物学に目覚め、テオドール・シュワンと共に「細胞説」を唱える。

ン大学で細胞の研究をしていたのですが、あるとき昼食を一緒にして、植物、動物ともに細胞を持ち、互いによく似ていることに驚きました。2人は動物も植物もともに細胞からできていると確信したのだと思います。シュライデンは1838年に、シュワンは1839年にそれぞれ論文を発表し、細胞が生命の基本単位であることを主張しました。

このエピソードはサイエンスの世界では情報交換がいかに大切かを語っているように思います。それぞれ1つの世界だけに閉じこもって研究をしているときには気づかなかったことも、植物と動物という別の生物で同じ現象が観察できたとき、それは普遍的なものであると確信できます。別の分野からの情報を知るということは必須のことなのです。イギリスで科学者の学会ができたのは、ニュートンの時代であり、そこではさまざまな研究発表が行われていたといわれます。現在の科学者たちはそれぞれの分野で、毎年学会を開き、研究発表を行いますし、研究成果の発表のための雑誌も月刊、週刊を含めて、数えきれないほどあり、新しい知見が次々に

Theodor Schwann（テオドール・シュワン：1810～1882年）

ドイツの生理学者、医師。組織学、細胞学研究で知られる。1836年に動物の組織から最初の酵素、ペプシン、さらに神経細胞の研究からシュワン細胞を発見。シュライデンと共に「細胞説」を唱える。

細胞は細胞から生まれる

発表されています。いずれもある研究者が得た知見を、みんなが共有することによって、さらに大きな科学の発展に役立てようとするシステムなのです。

生命の基本単位としての細胞の位置は、このような経緯ではっきりしてきましたが、細胞を生み出すのは、その細胞自身であるということを明確に宣言したのは、ドイツの病理学者ルドルフ・ウィルヒョーでした。彼は力のある学者で、白血病の発見者としても知られています。のちには政治家としても活躍し、時の宰相ビスマルクと敵対しつつも、ベルリンに上下水道を作るために活動

Rudolf Ludwig Karl Virchow（ルードルフ・ウィルヒョー：1821〜1902年）

ドイツ人の医師、病理学者、先史学者、生物学者、政治家。白血病の発見者。「すべての細胞は細胞から」という概念を確立。静脈血栓症に関する「ウィルヒョーの3要素」は有名。

するなど、精力的な人であったようです。1855年、ウィルヒョーは、細胞は細胞が分裂して増えることを示し、有名な「すべての細胞は細胞から」(Omnis cellula e cellula) なる名言を残しました。すべての細胞は細胞からしか生まれないという意味です。現在からみると当たり前のことに聞こえますが、そんなことさえもわからないところから、すべての学問は発展してきています。

7 生命は自然に発生したのか

もう一つ、現在では当然のことと思われる現象の確認がいかに大変であったかという事実を述べておきましょう。

ルイ・パスツールという学者の名前は当然聞いたことがあるでしょう。パスツールがやった仕事は数え上げればきりがないほどですが、生化学者、細菌学者として、まず酒石酸の研究から分子には光学的に異性体と呼ばれる違った性質があることを発見しました。さらにワインの腐敗菌に関する研究から、発酵における微生物の役割を明らかにし、低温殺菌法の研究も行いました。現在でも低温殺菌をパスチュライゼーションといいますが、これはパスツールに由来する言葉です。また弱毒化した微生物を接種することで免疫を活性化する方法、すなわちワクチンの開発にも成功し、実際に狂犬病ワクチンを作ったりもしています。それらの業績のなかでも、ここでは「生命の自然発生説の否定」という業績について述べておきましょう。

ウィルヒョーによって「細胞は細胞から」という概念が確立しましたが、しかし次の問題は、それでは最初の細胞はどこから来たのかという問題でした。"Omnis cellula e cellula"はその疑問には答えてくれません。かつては、生命は自然に発生すると考えられていました。その考え方は、アリストテレスにまでさかのぼること

Louis Pasteur（ルイ・パスツール：1822～1895年）

フランスの生化学者、細菌学者。食品の腐敗を防ぐ低温殺菌法を開発。また狂犬病ワクチンなどを発明。ロベルト・コッホとともに、「近代細菌学の開祖」とされる。

ができます。母親から直接生まれる動物もあれば、草の露や海底の泥から生まれる生物もあるとして、このような自然に発生するという考え方は、ヨーロッパにおいて長く信じられてきました。実際、腐った肉などには、あるときウジが湧き、やがてハエになったりします。これを見ていると確かに自然にウジが生まれてきたようにも見えます。

それを直接〈証明〉したのが、17世紀のファン・ヘルモントという人の〈実験〉でした。彼は医師でもあり、錬金術師でもあったということですが、その実験というのは、汚れたシャツに油と牛乳を垂らし、壺に入れて倉庫に放置すると、そこにハツカネズミが〈自然発生〉したというのです。なるほど、起こりそうなことです。笑ってしまいますが、当時はこれで人々が納得したようです。しかし、これが科学的に正しくないことは述べるまでもありませんね。

それを〈科学的に〉否定したのは、フランチェスコ・レディという外科医でした。彼は瓶の中に魚を入れ、一方の瓶は蓋《ふた》をせず、もう一方の瓶は布で覆って蓋をしました。それを放置すると、蓋をしていなかった瓶にはウジが湧いたのですが、蓋をしたほうには湧かなかった。ウジは魚にハエがたかることによって生まれるのだと結論したのです。この実験は、〈対照〉をとるということがサイエンスにとっていかに大切かを直截《ちょくせつ》に語ってくれます。2つの異なった条件で実験し、それを比較する。布で蓋をするものと、しないものとを比較し、蓋をしたものではウジは湧かなかった。だから、ウジのもとは魚にハエが卵を産みつけることによって起こると結論づけたのです。現在の科学でも、〈対照〉をとってそれと比較するというのは、実験科学の根本にある概念ですが、学生たちの実験を見ていると、この〈対照〉のとり方で大きな差が生まれるように思います。うまく〈対照〉をとれるということは、実験のデザインが優れているということで、自然への問いかけ方がうまいということでもあります。実験科学ではほとんどの場合、たった一つだけ条件を変え、その結果を比較することで、その一つの条件の変化の効果を測定します。〈対照〉のとり方がきちんと詰められていないと、いつまでたっても正しい答えにたどり着け

ません。実験結果から、一つの結論を導き出せないということになってしまいます。

ともあれ、これで生命が自然に発生するということは否定されたかに思われたのですが、この頃、顕微鏡が発明されるとウジよりももっと小さな微生物が生命として認められるようになっていました。ウジのような大きなものは自然発生しなくても、顕微鏡でしか見えないような微生物は自然に生まれるのではないか、そんな疑問が出されました。

J・ニーダムという学者が、肉汁を瓶に入れ、コルクで蓋をして加熱しました。加熱によって微生物は死んだはずなのに、数日たってみると、肉汁のなかには微生物が発生していました。だから微生物は自然発生するというのです。このときはコルクが曲者《くせもの》でした。

次に、L・スパランツァーニという学者が、コルクでは隙間から微生物が入ってくる可能性があるので、フラスコの口を火で熱し、溶かして密閉したものを作りました。こうすると微生物はもはや発生しませんでした。だからやはり微生物は空中に浮かんでいるものが、肉汁に紛れ込んで増えたのだと結論づけたのです。

ところが、です。世の中にはへそ曲がりがいるもので（実は、そんなへそ曲がりこそがサイエンスの発展にはとても大切なのですが）、瓶の口を完全に閉じてしまったら、微生物が生きていくための新鮮な空気が入ってこなくなるではないか。新鮮な空気さえ入ってくれれば、微生物は自然に発生できるのだと反論したわけです。この論争を仕掛けたのは、実は先ほどの実験をしたニーダムでした。

さて、空気は入ってきて、しかし空中の微生物が混入しないようにするにはどうすればいいか。そこでルイ・パスツールの出番となったわけです。

パスツールは図3のようなフラスコを工夫して、見事にこの疑問に最終的な答えを出しました。彼の作ったフラスコは、「白鳥の首フラスコ」と呼ばれていますが、このフラスコの中で肉汁を煮沸殺菌してしまえば、そのまま置いておいても微生物は発生しないことを示すことができました。煮沸して発生した蒸気が白鳥の首のところにたまって、空中の微生物のト

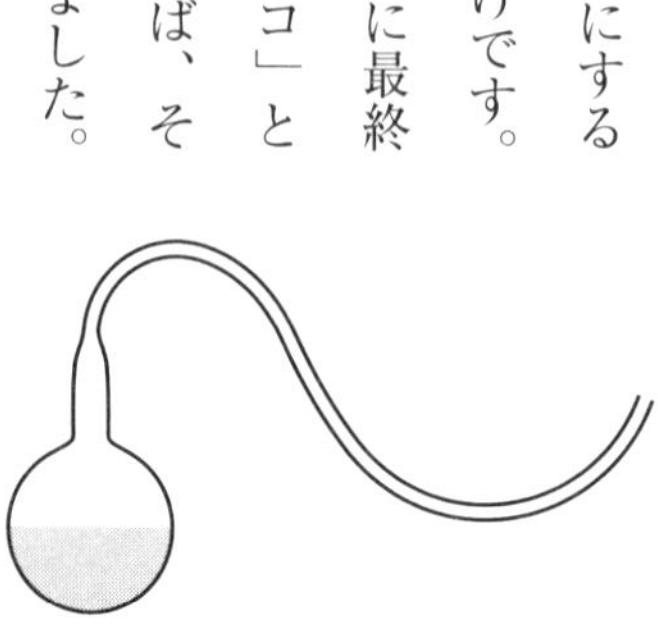

図❸ パスツールのフラスコ

ラップとして作用したのです。だから空気は通じているにもかかわらず、微生物は侵入しなかった。これで先の反論には答えることができたというわけですね。ちょっと長すぎる説明になったかもしれませんが、私はこのエピソードが気に入っています。科学がどのように発展していくものかについて、おのずから語っていると思うからです。

一つのことを証明するのは、実に手間暇がかかる作業です。仮説が出され、それが別の考え方、あるいは実験によって否定されます。否定した側の意見や結論も、またそれに対する反証実験によって覆されます。科学者は、あらゆる可能性について考え、誰かの説が出されると、それを鵜呑《うの》みにすることなく、その考え方、その実験にはどこかに落とし穴、見落としているところがないかを考えます。これはとことん意地悪く探すのです。科学的真理というものは、そのような念には念を入れた細心の検証に耐えたものだけが、生き残っていくのです。強い信念であるとか、熱い希望であるとかは、科学の前では何の足しにもなりません。証拠がいかに示されるか、それがいかにあらゆる角度からの批判に耐えうるか、それのみが問われることなのです。

8 生命のもとになる分子はどこから来たのか?

起源の話をもう一つだけしておきましょう。生命の基本単位は細胞であり、私たち動物を作っている細胞は真核細胞。真核細胞は原核細胞から進化したことはすでに話しました。その細胞を作っている分子は、有機化合物と呼ばれます。それ以外は無機化合物と呼びます。有機化学、無機化学などという言葉も聞いたことがあるかもしれません。

19世紀までは、単純に生物が作り出した物質を有機化合物、それ以外を無機化合物と呼んでいました。しかし、19世紀前半、ドイツのウェーラーは無機物のシアン酸アンモニウムを加熱して、有機物の尿素を合成することに成功しました。つまり生物が介在しなくても無機物から有機物ができたわけで、2つのあいだに本質的な違いがないことが証明されたのです。現在では、炭素を含む化合物を有機化合物、含まないものを無機化合物と呼んでいます。しかし、炭素を含んだものでも、炭酸ガスCO_2や炭酸カルシウム$CaCO_3$など、単純な一部の化合物は無機化合物と呼ばれています。

タンパク質を作る材料になるアミノ酸、DNAやRNAを作る核酸、膜の構成成分であるリン脂質などはすべて有機化合物ですし、それらが重合してできた高分子化合物も当然、有機化合物に分類されます。

もちろん原始の地球に有機化合物はなかったと考えられます。どこかの段階で有機化合物ができたはずです。でなければ、細胞はできなかったはずです。なぜなら膜も遺伝子も、細胞内の働き手であるタンパク質も作れないからです。

どうしてこれらの化合物ができたのか。これは1953年、シカゴ大学の大学院生であったスタンリー・ミラーの実験から明らかにされました。彼の発想は極めてシンプルなものでした。とにかく原始地球を実験室の中で再現してみればいい、それが発想でした。原始地球には水、メタン、アンモニア、水素などが主な無機化合物として存在していました。彼はそれらをフラスコに入れました。フラスコの口をガラス管でつないで、図4のような装置を作ったのです。

まずこれらの混合物はフラスコの底で加熱され、

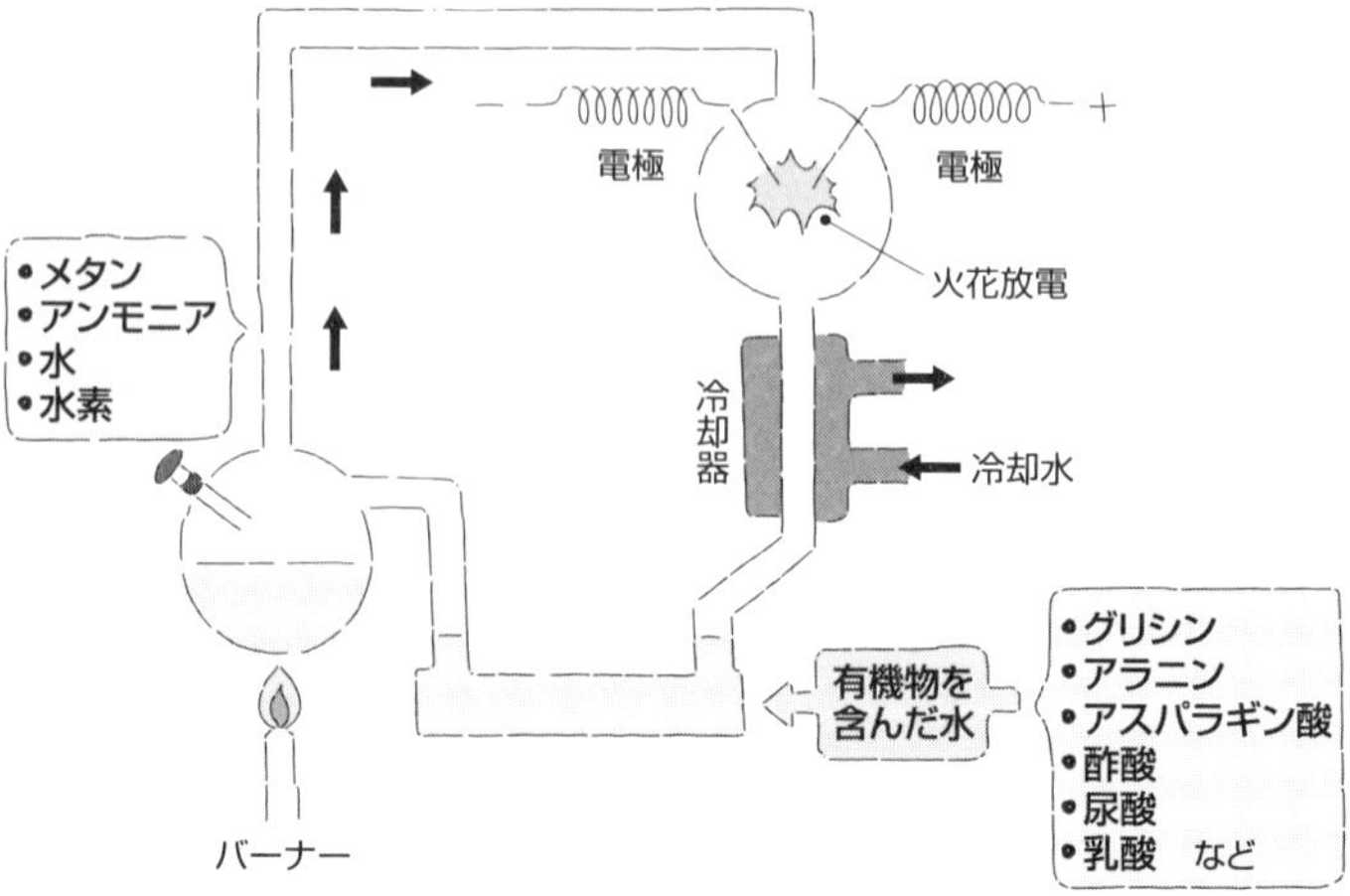

図4 ユーリー・ミラーの実験

蒸気となって管を上っていきます。蒸気が右の反応槽まで来ると、そこでは電気によって放電を行います。これは原始地球で頻繁に起こっていた落雷〈火花放電〉を模したものです。この放電によって、蒸気中の無機化合物の反応性が高くなり、次々に別の化合物を作っていきました。それを今度は冷却水で冷やすと、蒸気が液体になりますが、それを下の管の中に集めたのです。

こうして1週間放電を続けた後、どんな物質ができたかを確かめると、驚いたことに、そこにはグリシンや、アラニン、アスパラギン酸などのアミノ酸がまず見つかりました。また酢酸、尿酸、乳酸などの酸も作られており、さらに放電を続けると、核酸の成分であるプリンやピリミジン、エネルギーＡＴＰの重要な要素であるアデニンなどもできていたのです。

これら一連の実験によって、原始の地球では生物の力を借りずに、有機化合物が作られていたことが証明されました。ミラーの先生であったハロルド・ユーリーの名も同時に入れて、この実験はユーリー・ミラーの実験と呼ばれています。この実験自体は、当時の地球に存在した元素が違ったものであるというその後の研究によって、そのままでは当てはまらないものと考えられるようになってきていますが、原始地球において、生物の力を借りないで有機化合物が合成され、それらを用いて生命発生の基礎が作られたという概念を提出したことは重要なことでした。

9 伸縮自在な膜が生命を外界から区分けする

先に生命の3要素で述べたように、生命を外界から区分けすることは、生命が生命であるための基本条件です。細胞が細胞であるためには、細胞膜で包まれていなければなりません。

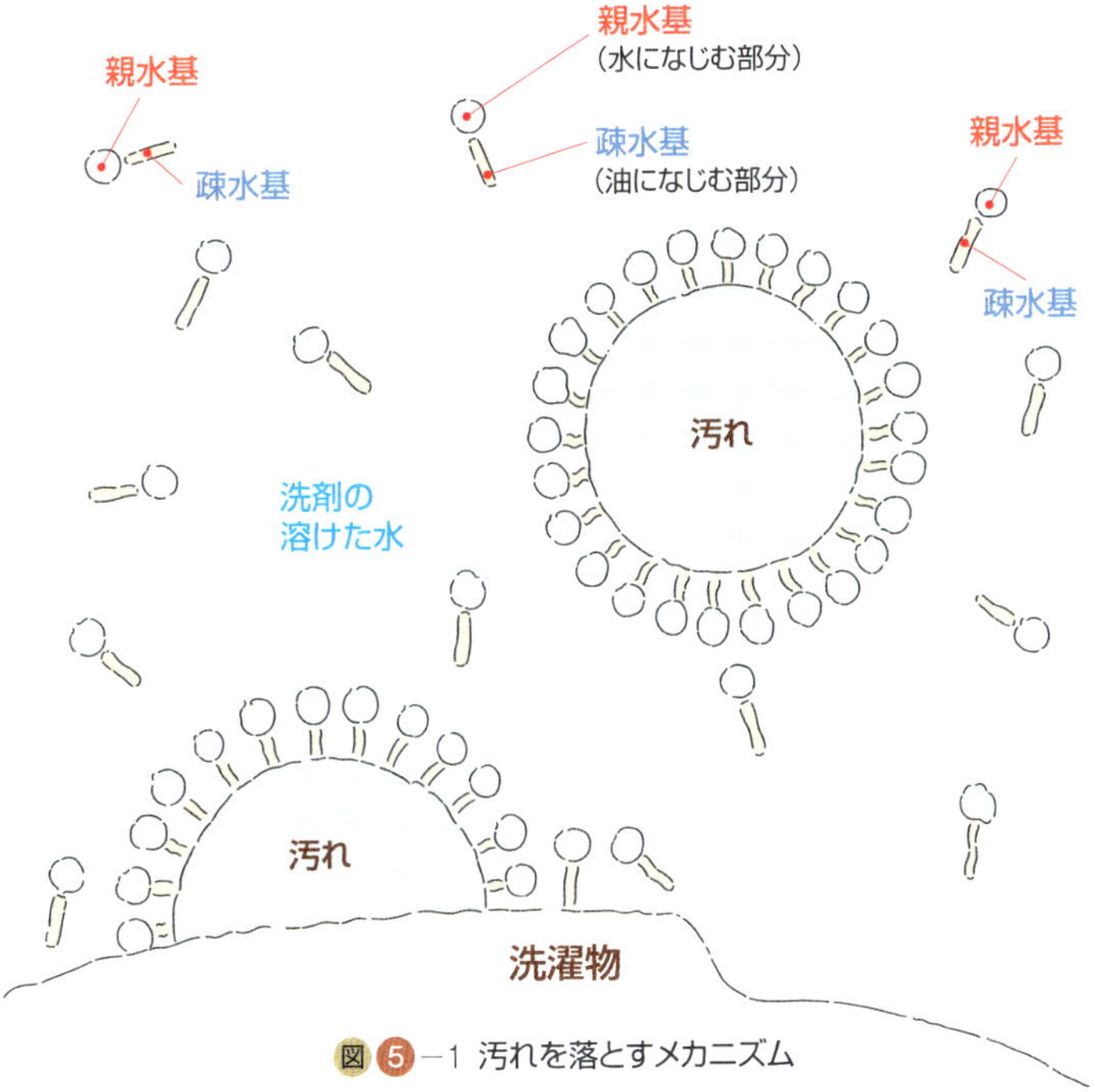

図 5 −1 汚れを落とすメカニズム

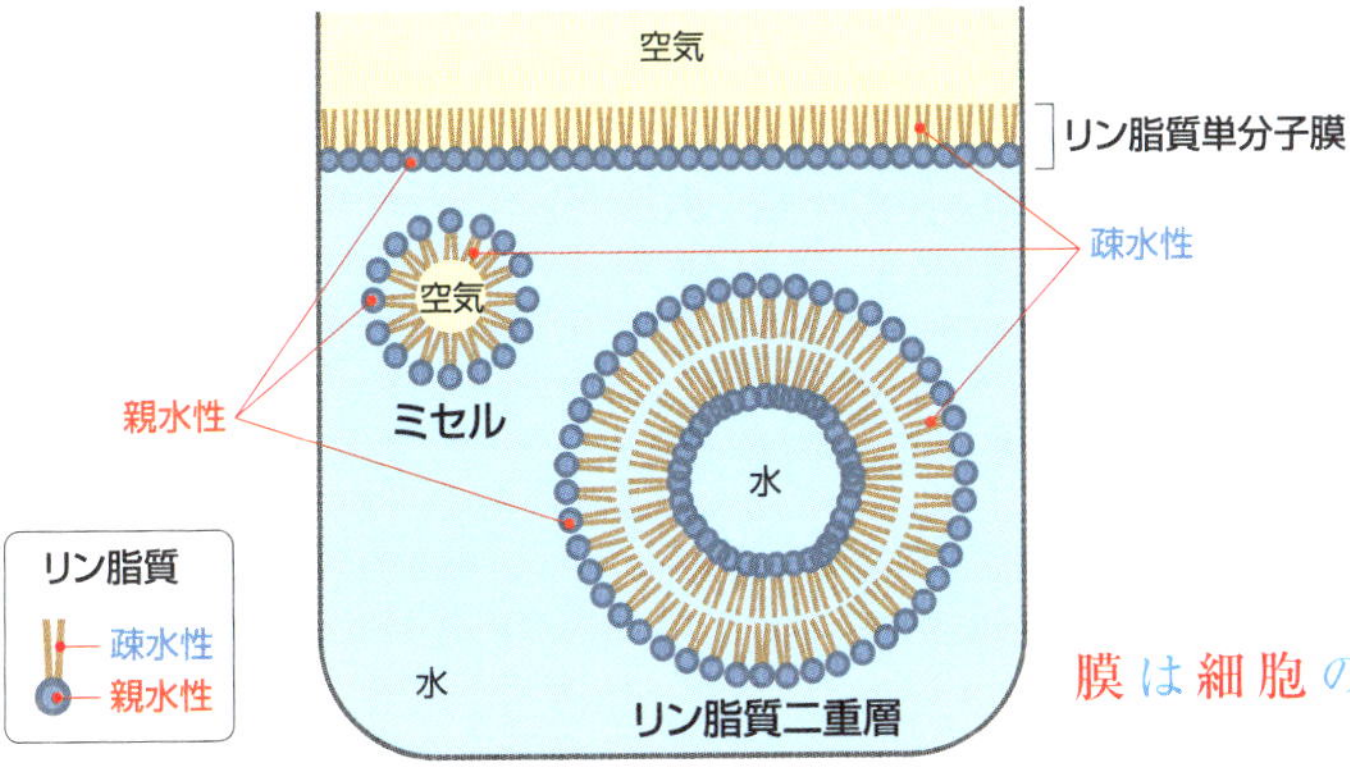

膜は細胞の

図 5 −2 リン脂質は二重膜を作って水を囲い込む

細胞膜を構成するのは、リン脂質と呼ばれる物質です。リン脂質は、水に溶けやすい（なじみやすい）頭部と水に溶けにくい（なじみにくい）尾部を持っています。水に溶けやすい性質を親水性、水に溶けにくい性質を疎水性といいます。疎水性の部分は、水には溶けにくいが、逆に油にはなじみやすい。このように1つの分子のなかに親水性の部分と疎水性の部分の両方を含むものを両親媒性分子と呼びます。もう少し簡単には界面活性剤と呼ぶこともあります。

むずかしげな名前ですが、石鹼を思い浮かべてください。石鹼は典型的な界面活性剤です。水では落ちない汚れを落とすとき、石鹼を使いますね。石鹼で汚れが落ちるのは、まず石鹼の疎水性の部分が水に溶けない汚れに吸着します。（図5㊤）そこで吸着した汚れを、今度は親水性の部分で取り囲むようにして水に溶かし込む、基本的にはこれが石鹼で汚れを落とすメカニズムなのです。

疎水性の尾部は水になじまないので、水溶液中では尾部同士が寄り添うことによって水から遠ざかろうとします。そのことによって親水性の頭部を水に接触させ、

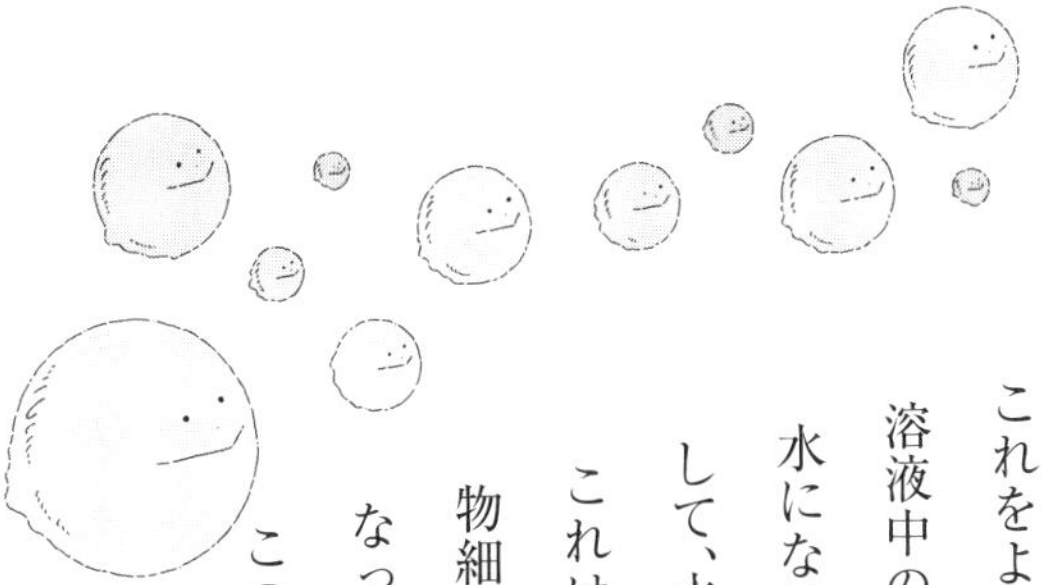

疎水性の尾部を内側に向けたミセルという球状の構造を作ることができます。この構造は、疎水性の尾部が水とは接触しないので安定な構造となります。リン脂質を大量に含む水溶液を激しく攪拌《かくはん》してやると、ミセルのほかに、時には、もう少し大きな、内部に水を取り込んだ構造ができます（図5㊦）。これをよく見ると、頭部が外と内と2方向に向いた膜構造をとり、外側は溶液中の水に、内側でも取り込んだ水に接触していることがわかります。水になじみにくい尾部は、それぞれ頭部の内側にしまい込まれるようにして、水との接触を避けている。これでも確かに、安定な構造になります。これは脂質二重層と呼ばれる構造です。そして、動物細胞であれ、植物細胞であれ、細胞はすべてこの脂質二重層で囲まれた袋（胞）からなっているのです。私たちを構成している60兆個のすべての細胞は、

この脂質二重層で囲まれた袋なのです。

リン脂質は石鹸のような界面活性剤の一種であるといいました。

石鹸溶液をストローで吹いてやるとシャボン玉ができますね。シャボン玉も、実は疎水性の尾部同士、親水性の頭部同士が、並んで層を作ったものなのです。シャボン玉の場合は、外も内もともに空気層なので、尾部が外側に並び、内側にならんだ頭部のあいだにわずかに水の層を含んだ二重層を作ります。シャボン玉は自在に形を変え、そして2つのシャボン玉がくっついて大きくなったり、1つのシャボン玉が分かれて2つの玉になったりしますね。細胞膜はシャボン玉とちょうど逆になりますが、同じように自在に形を変えることができます。また、1つの細胞が2つに分かれることもできます。これが細胞分裂ですが、膜がこのように自在に形を変えたり、融合、分離をできないとすると、細胞は分裂することもできません。

細胞膜はびっしりとリン脂質が並んだ膜ですから、水も通りません。まさに水も漏らさぬ構

行き先は
どちらですか？

造といえます。このことは細胞の内部を外部からはっきりと区別するために必須の条件です。細胞の中の物質が、常時外部に漏れ出していたのでは、細胞の恒常性を保つことができません。膜はこのように外部と内部を区分けすることで、細胞が細胞であるための基本条件を満たしているのです。

しかし、生命の3要素の第3は、代謝だったことを覚えているでしょう。代謝は新陳代謝ともいわれますが、単純化していえば、外から物質とエネルギーを取り込んで新たな物質を作り出したり、必要なエネルギーに変えたりし、生命活動を営むということになります。不要な物質や老廃物を排出することまでも含めて代謝といいます。

とすれば、代謝のためには外から物質やエネルギーを得なければなりません。水も漏らさぬ緻密な構造をしている細胞膜があれば、それは不可能ではないでしょうか。実は、細胞はその困難を巧妙な仕組みで回避しています。細胞が細胞として生き続けるためには、外界との境界が「閉じつつ開いている」ということが必須なのですが、細胞膜はまさにこの「閉じつつ開く」という本質的な矛盾をいろいろな工夫で克服しています。のちに、そのいくつかの例をお話ししますが、それらを可能にしているのは、細胞膜に存在しているタンパク質の働きによります。細胞膜には、タンパク質が膜の内側あるいは外側にくっついていたり、タンパク質が膜を1回、あるいは複数回貫通していたりします（図6）。これらのタンパク質は膜タンパク質と呼ばれ、膜を介した物質の輸送や、外からのシグナルをキャッチする機構や、膜の外側から内側へ信号を伝えたりするのに必須の役割を果たしています。

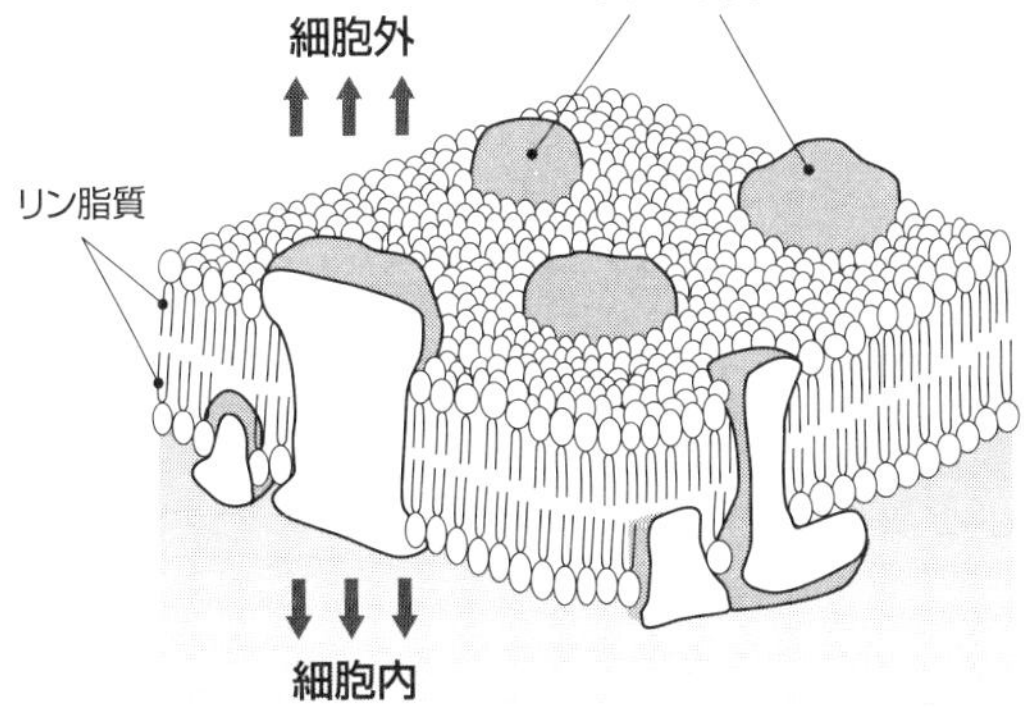

図6 細胞膜

10

細胞の中の働き手たち――細胞小器官

細胞は細胞膜という1つの袋（胞）によって包まれた構造体ですが、そのなかにさらに複雑な構造を持っています。図7を見ながら、簡単に説明しておきましょう。

真核細胞のなかで最大の構造体は、核です。核はどうしてできたのか。核は、細胞膜がくびれてできたものと考えられています。真核細胞の祖先の細胞は、核を持たない細胞で、原始真正細菌と呼ばれます。遺伝子ＤＮＡは、そのまま小さな細胞のなかに漂っています。細胞が小さいと外からの紫外線や放射線によって傷つきやすく、それを防ぐには細胞を大きくするに越したことはありません。大昔、細菌同

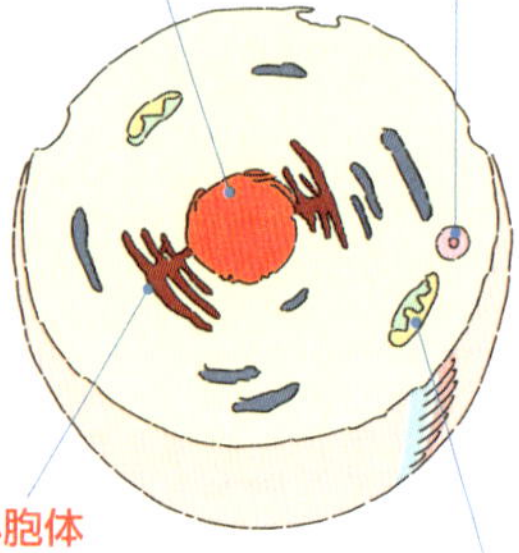

図7 動物細胞と細胞小器官

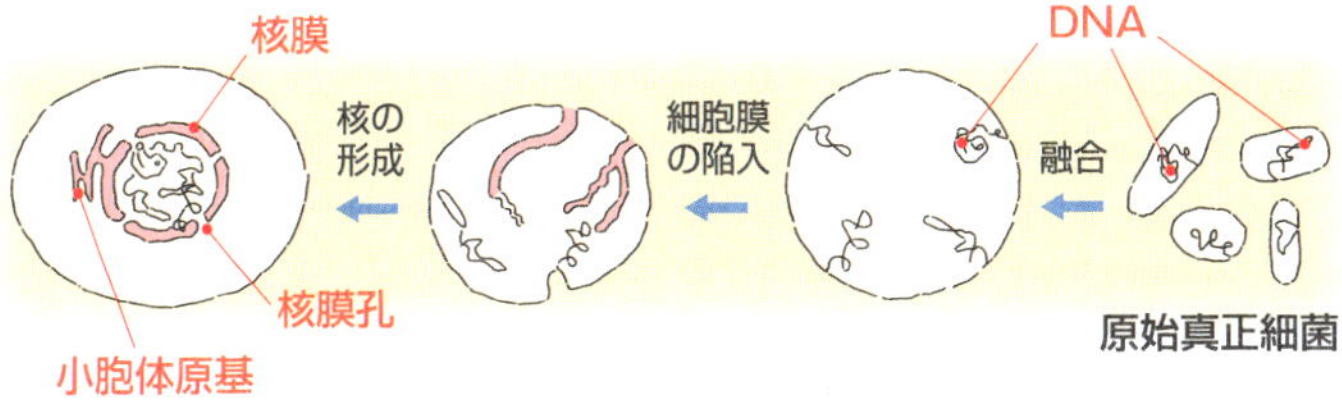

図8 核膜の生成

士が融合して、大きな細胞になったと考えられます。細胞膜が容易に融合できることがこれを助けたのでしょう。

膜にくびれができ、それが次第に内側に陥入しつつ伸びて核膜のもとを作ったと考えられています（図8）。伸びながらDNAを包むように成長し、最後に外の膜から切れて残ったものが核膜になり、核を取り囲んだのだと考えられます。核膜は外膜と内膜、二重の脂質二重層からできていますが、このでき方を考えれば、なぜ二重になっているのかは理解できるでしょう。

図8から明らかなよ

うに、核膜にはいくつもの孔《あな》があいています。この孔（核膜孔）を通じて、タンパク質や核酸などいろいろな物質の行き来があります。核のもっとも大切な役割は、遺伝子の貯蔵と複製、そしてその情報を読み出して、細胞質（正確にはサイトゾルと呼ばれます）に情報を送り出すことにあります。

細胞の中には、そのほかにもさまざまな膜で囲われた組織があり、総称して細胞小器官（オルガネラ）と呼ばれます。オルガネラの代表はミトコンドリアで、この誕生についてはすでに記しました。ミトコンドリアはATPというエネルギーを作り出すことに特化したオルガネラですが、一方で細胞の生死のシグナルをも出すということも覚えているでしょう。

小胞体は、核膜から続いた膜構造体であり、核膜のうち外膜が伸びてできたオルガネラだと考えられています。細胞外へ分泌するタンパク質や膜に組み込まれる膜タンパク質を作るのに特化したオルガネラで、細胞が作り出す全タンパク質の3分の1は小胞体で作られます。ですから分泌すべきタンパク質を多く作る細胞では特に小胞体が発達しています。代表例は抗体を作り出す形質細胞や、インシュリンなどのホルモンを産生している膵臓のβ細胞などでしょうか。それらの細胞内には、びっしりと膜構造が詰まっており、それが小胞体なのです。

ほかに、不要になったタンパク質や脂質の分解を引き受けるリソソーム。分泌タンパク質に付加された糖鎖に修飾を加えて、多様な構造と機能を持たせるとともに、分解されにくくしたりもするゴルジ体。ゴルジ体はまた分泌タンパク質の行き先を決めるソーティング（仕分け）の役割も担っています。ほかにペルオキシソームというオルガネラもあり、これはさまざまな物質の酸化反応を行ったり、コレステロールなどの物質を合成したりするオルガネラです。

これらオルガネラはどれ一つとして欠くことはできません。細胞という社会が全体として作っているのが、ヒトをはじめとする個体ですが、各種のオルガネラがさまざまに機能分担し、また協力し合いながら、一個の「細胞」の生命活動を支えているのだともいえます。

11 タンパク質って どうして作られる？

細胞は善人になったり
悪人になったり
一人二役

小胞体がタンパク質の合成の場であるといいましたので、ここでタンパク質の合成について、簡単にその仕組みを述べておくことにしましょう。

アミノ酸が1本の鎖として並んだものをポリペプチドといい、それが3次元的な構造を作ったものがタンパク質です。遺伝情報がDNAに書かれているというようないい方をよくしますが、DNA上に並んでいるのは、4種類の文字、塩基です。A、T、G、Cとそれぞれの分子の頭文字で書かれることが多いですね。DNA上の塩基の配列は、細胞分裂の際には、正確に複写されて、2倍になり、それが娘細胞に伝達されます。ですから、受精卵から順々に増えていった私たちの体細胞はすべて同じ塩基配列を持っているのです。どの細胞にも同じ情報が組み込まれています。その数、実に30億。どの細胞にも30億塩基からなる文字が書かれているのです。大英百科事典の1巻にはだいたい1000万字くらいの文字があるのだそうですが、この大英百科事典にして300巻くらいの文字が、直径10ミクロンほどの細胞それぞれに書き込まれています。すごいことですね。

DNA上の塩基配列は、タンパク質のアミノ酸配列を指定するための暗号です。

ですからサイトゾルにおいてタンパク質を合成するためには、核内の遺伝情報をサイトゾルへ運ぶ工夫が必要になります。ＤＮＡの塩基配列は、メッセンジャーＲＮＡ（ｍＲＮＡ）というＤＮＡと同じ核酸からなる分子にダビングされます。ＤＮＡの一部だけをダビングして、まったく同じ配列をもったｍＲＮＡを合成し、それを核からサイトゾルへ取り出し、その情報に従ってアミノ酸を並べようという戦略です（厳密にいうと、ＤＮＡとＲＮＡでは使う文字が一文字だけ違っています）。

私たちのタンパク質を作っているアミノ酸の種類は基本的に20種類。これは大腸菌でも酵母でも植物でも同じです。今、遺伝暗号はアミノ酸の配列を決めるための情報を持っているといいました。これって、ちょっと変ですよね。４種類の文字しかないのに、どうして20種類のアミノ酸を指定できるのか。答えは簡単。４種類の文字をいくつか組み合わせて、20種類のアミノ酸を指定すればいい。３文字ずつの塩基を１つの単位にして暗号化すれば、簡単に20種類のアミノ酸の指定はできます。４×４×４＝64。つまり４種類の文字を３文字ずつ区切って１つのアミノ酸と対応

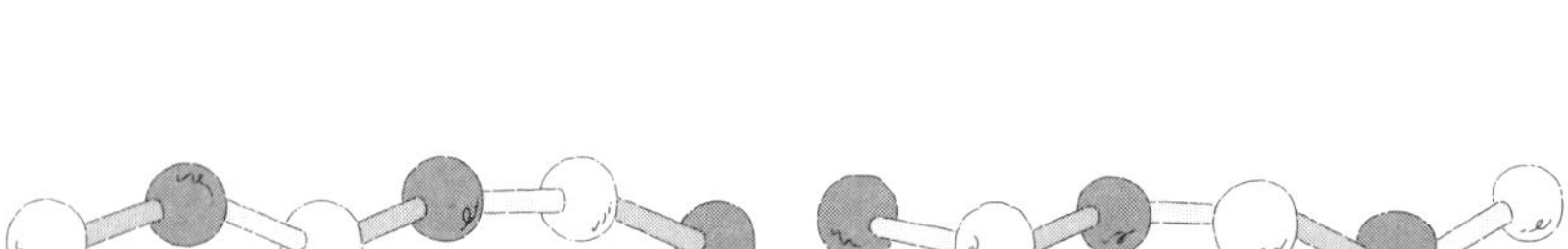

させれば、原理的には64種類の暗号ができる。これをコドンと呼びますが、いくつかのコドンが同じアミノ酸を指定することにしておけば、20種類のアミノ酸を決めるのは容易にできる道理です。

これには当然、暗号を読み解きながら、アミノ酸をつないでいく装置が必要になります。これ以上詳しくは述べませんが、その装置（機械）がリボソームという巨大な分子複合体です。リボソームは別のRNA（トランスファーRNA＝tRNA）と協力しつつ、mRNA上の塩基配列を読み解きながら、その情報に従ってアミノ酸を順々に結合していきます。リボソームという暗号解読機の中を、遺伝子暗号を書いたmRNAのテープが通っていきます。リボソームは3文字ずつ暗号を読み、それに対応する文字をもったtRNAを連れてきます。ですから暗号の数に対応した数のtRNAが用意されていて、それぞれのtRNAには暗号に対応したアミノ酸が結合しています。こうして3文字ずつ読みながら、アミノ酸を一個ずつつなげていくのです。このようにしてアミノ酸がつながったものがポリペプチドです。

DNA上の塩基配列も、mRNAも同じく1次元のヒモですので、それらが組み込んでいる情報も当然のことながら1次元情報でしかありません。その1次元情報に従って作られるポリペプチドも、アミノ酸が1次元的に並んだ単なる1次元のヒモなのです。1次元情報からは1次元の情報しか得られません。

ポリペプチドはこれだけでは何の機能も持ちません。これが機能を持つためには、1次元のヒモが3次元の構造へと折りたたまれていく必要があります。タンパク質のような分子が機能を持つというのは、すべて分子表面の凹凸を通じて、分子同士が特別の相互作用をするということなのです。タンパク質は、折りたたまれることによって、分子表面にきわめて多様で、しかもそのタンパク質にのみ固有の、特徴的な凹凸を作ります。この分子表面の凹凸の特異性によって、特有の作用をし、機能を獲得するのです。

この折りたたみ、フォールディングには、実はそれを介助するさまざまな別のタンパク質が必要とされます。そのようなタンパク質のフォールディングを助ける一

表面の凸凹具合で決まる

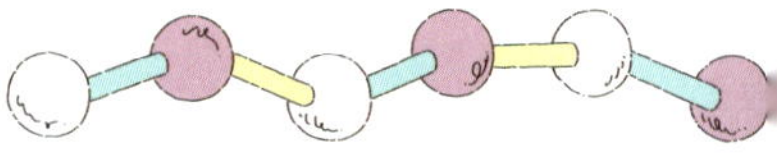

群のタンパク質を分子シャペロンと呼びます。実は私の専門は長くこの分子シャペロンの機能に関わるものでした。ですから、この部分はもっともっと話をしたいのですが、別の機会に少しでも触れられることを願って、ここは先に進むことにしましょう。

12 細胞内の輸送インフラ

代謝をはじめとする生命機能のほぼすべてはタンパク質によって担われているといっても決して過言ではありません。つまり細胞内ではそのすべての機能にタンパク質が関与し、それゆえすべての場にタンパク質が存在します。

タンパク質が作られるのはサイトゾルで、それが分泌タンパク質や膜タンパク質の場合は、合成と同時に小胞体に運び込まれます。ですからタンパク質合成の場は基本的にはサイトゾルと考えてよいでしょう。しかし、タンパク質はサイトゾルで働くものばかりでなく、あるものは各種のオルガネラの中で働き、あるものは細胞膜で、あるものは細胞の外へ分泌される場合もあります。

そのためにはサイトゾルで作ったタンパク質を、それが働くべき場へ運んでやらなければなりません。細胞には、その目的のために、つまりタンパク質の輸送のために、絶妙な輸送インフラが整備されているのです。

オルガネラへの輸送には、膜を通過する輸送と、通過しない輸送とがあります。小胞体やミトコンドリアの内部へのタンパク質の輸送は、膜を通過しないと運ぶことができません。このときは、膜にあいている小さな孔を通して、ポリペプチドを通過させます。膜の孔、チャネルと呼ばれますが、このチャネルを作っているのも、タンパク質なのです。1本の（あるいは数本の）ポリペプチドが何度か膜を貫通することで、リン脂質の脂質二重層にタンパク質からなる小さな孔を形成することができます（図9）。土壁に何本かの管を円形に打ち込んでやると、そのなかに小さな孔ができますね。膜貫通ドメインでは、ポリペプチドは通常αヘリックスというらせん状に巻いた構造をとりますが、ポリペプチドの膜貫通ドメインが、この管の役割を果たし、膜に孔を作り、このことによって膜には物質の輸送を可能にするチャネルが作られます。この孔は普段は閉じていて、むやみに物質を通すことはありません。そうしないとオルガネラの内部の恒常性が維持できないからです。

このチャネルを通すには、輸送されるタンパク質が3次元的な構造を作っていては通りません。なにしろ孔の直径は小さいので、3次元的な構造を作る前の1本のヒモの状態で通します。膜を通過し、目的のオルガネラへ輸送されてから、3次元的な

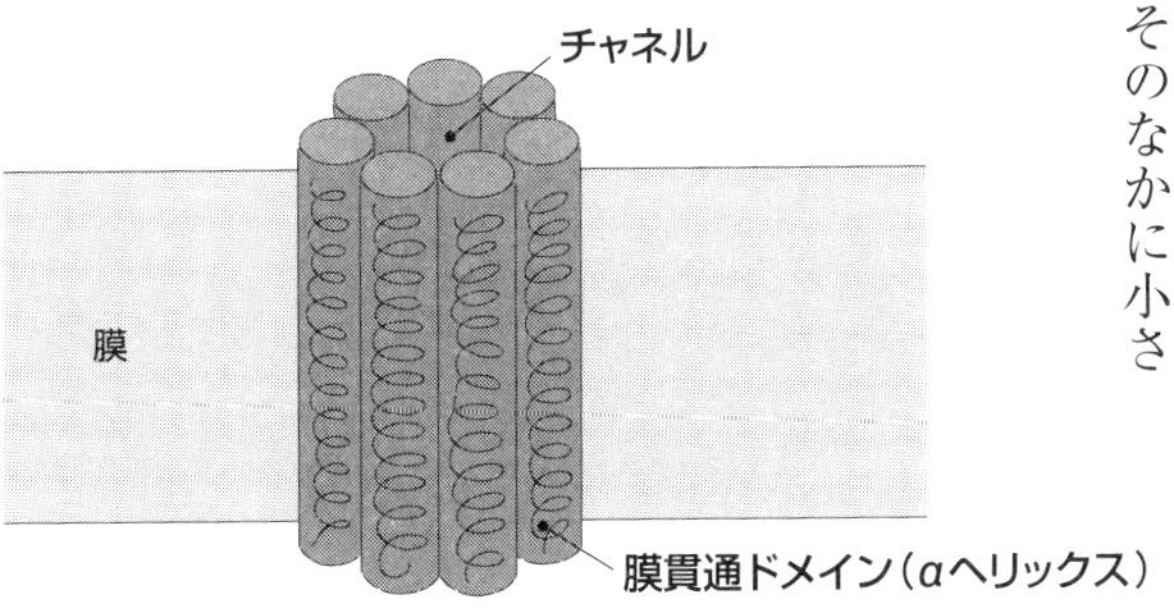

図9 ポリペプチドが何回も膜を貫通

小人が大活躍

細胞の中では働き者の

構造を作らせます。いわば部品として運んで、現地で組み立てるという戦略ですね。ですからオルガネラの内部にも、分子シャペロンが存在して、そのタンパク質が正しく働けるような構造を作るのを助けています。

一方で、3次元的な構造を作ったまま運ぶという手段もあります。たとえば小胞体に入ってきたタンパク質を、細胞の外へ輸送しようという場合などがこれに当たります。小胞体で立体構造を作った分泌タンパク質は、小胞体以降の分泌過程では、小さな袋（小胞）に包まれたまま、次々にオルガネラを経由して細胞の外にまで運ばれてゆきます（図10）。小胞体の膜が外側にくびれ、中の積み荷（カーゴ）を包んだまま、小胞体の膜から出芽します。これがくびり取られて、小胞として輸送され、次のゴルジ体にたどり着き、ゴルジ体の膜と融合することによって、積み荷をゴルジ体の中に運び込むのです。ゴルジ体以降も同様にして、小胞の輸送が行われ、最終的には小胞がいちばん外側の細胞膜と融合することによって、小胞の中の積み荷は細胞の外へ放り出されます。このようにしてインシュリンなどのホルモンや血清アルブミンなどの血液成分など、細胞外で働くタンパク質は分泌されるのです。コラーゲンなどの細胞外で組織を作るために必須のタンパク質も同様に分泌されます。小胞輸送では、積み荷を次々に別のトラックに積み替えてリレーしていくイメージで、いちいち積み荷をポリペプチドのヒモにまで巻き戻して膜を通すなどという作業は必要ありません。

このような過程を、細胞内のタンパク質輸送、簡単に細胞内輸送と呼びます。輸送というとき、私たちの社会での輸送を考えてみれば、2つの大切な要素を思い浮かべることができるでしょう。まず、輸送先をはっきり指定しなければ、どこへ輸送されるかわかったものではありません。細胞内輸送では、宛先はどのように書かれているのでしょう。

端的にいって、宛先を書くのには2つの方法があります。輸送

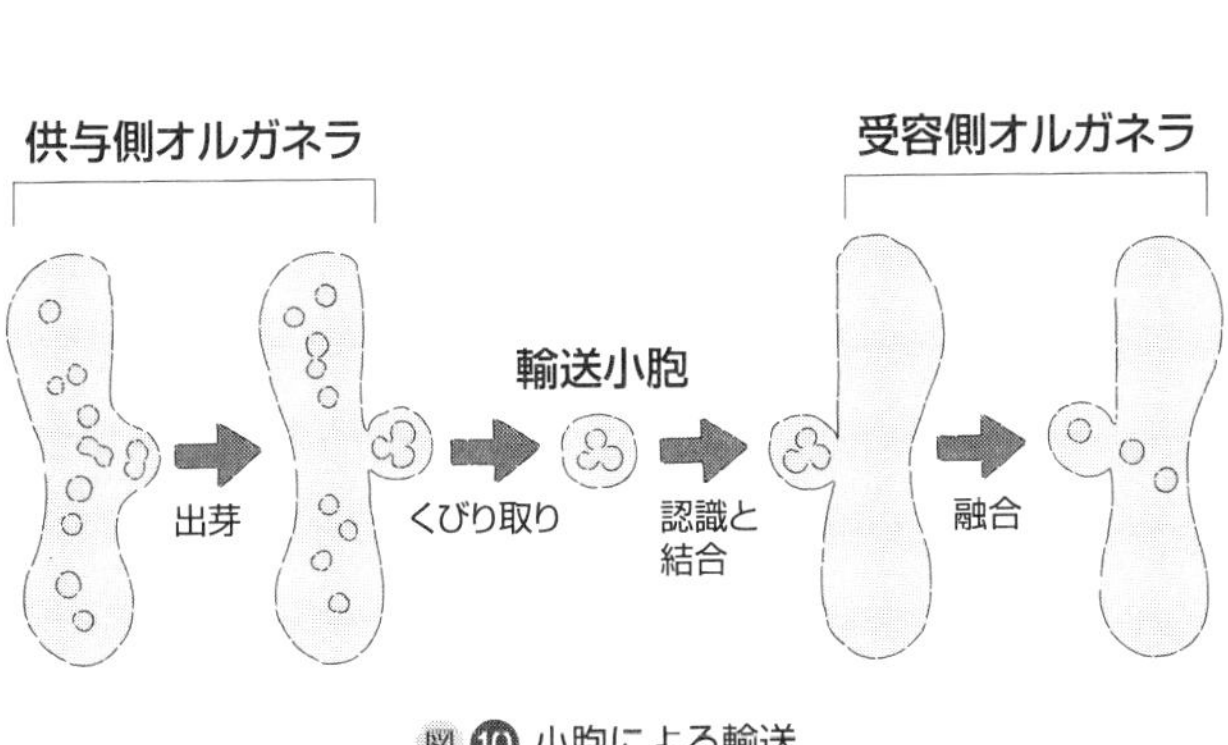

図⑩ 小胞による輸送

される荷物に直接書く方法と、輸送される袋に荷札として吊り下げる方法です。

小胞体やミトコンドリアへのポリペプチドの輸送ではポリペプチドはヒモの形で膜を通過するといいました。このような場合には、ポリペプチドの一部が輸送のシグナルになります。葉書に直接宛先を書くようなもので、輸送される荷物そのものに宛先が書かれます。これを葉書型

といっておきましょう。小胞体以降の輸送では、小胞による輸送でした。この場合は積み荷は小胞の袋の中にあるのですから、それに宛先を書いても認識されません。この場合は、小胞を作っている膜に直接宛先を貼り付けます。荷札といってもいいし、小包の表面に書かれた宛先といってもいいでしょう。これを封筒型、あるいは小

宛先と差出人は忘れずに

包型と呼ぶことにしましょう。タンパク質の細胞内輸送では、このように積み荷の行き先は、葉書型として直接タンパク質自身に書き込んでしまうか、小包型として小胞の表面に書き込みます。小胞の表面の荷札もまたタンパク質からなっています。

輸送には、葉書型と小包型があることを述べましたが、この2つは必ずしも独立したシステムというのではなく、ある場合には、輸送の途中で葉書型から小包型に変わる場合もあります。インシュリンやコラーゲンなどの分泌タンパク質の場合、サイトゾルで翻訳されたポリペプチドが小胞体へ入るまでは葉書型、小胞体以降の輸送では、ゴルジ体から細胞外へ到達するまで、小包型として輸送されるのです。本当によくできています。

2つめの大切な要素ですが、実際の物品の運送の場合、宛名だけあっても荷物は届きません。宛名とその届け先の表札が一致しなければ届けることはできないわけです。葉書型の宛名は、細胞が持っている宛名を認識するタンパク質によって認識され、たとえば小胞体の膜へ連れていかれます。これをターゲッティングといいます。ペプチドに書き込まれた宛名は、それに結合するタンパク質によって認識され、このタンパク質は輸送すべきオルガネラの膜にある表札タンパク質をも認識します。そのようにして宛名と表札が一致したときに、目的のオルガネラへの輸送が完成するのです。

小胞輸送の場合には、小胞の表面にある荷札を特異的に認識する表札が、やはり目的のオルガネラ膜に存在し、荷札タンパク質が表札タンパク質と結合することでターゲッティングが完成します。これ以上深入りすることはあまりに専門的になりますので避けたいと思いますが、現実世界での輸送と同じく、宛名と表札のセットによって、葉書型の場合も、小包型の場合も、正しい場へと積み荷が運ばれていくことを理解してください。

それではこれらはどのように輸送されてゆくのでしょうか。実際に手紙や小包が届くのは、郵便配達のバイクや宅配便のトラックなどでしょうか。もう少し手前には、鉄道による大規模輸送なども使われているかもしれません。さて、細胞の中では、そのような輸送インフラはどうなっているのでしょうか。

細胞の中にも、レールが敷かれており、その上を荷物を積んだ貨物列車が走っているといったら驚きますか。実はそのとおりなのです。

レールに対応するのは、微小管と呼ばれる円管状の構造。チューブリンというタンパク質からなる管です。チューブリンにはαとβの2種類があり、αとβが複合体を作ります。この$\alpha\beta$複合体が13個、円形に並び、それが積み重なるようにして直径25ナノメートル（1ナノは10^{-9}）の円管構造を作りますが、これが微小管と呼ばれるものです。核の付近に中心体という構造がありますが、微小管はこの中心体から放射状に細胞の周辺に向かって延びています。ローマ中央駅はテルミニ（ターミナル）と呼ばれていますが、ローマテルミニから鉄道が各地へ延びている、そんなイメージですね。鉄道には当然上り下りの区別がありますが、実は微小管にも方向性があります。中心体に近い側をマイナス端といい、遠い側をプラス端といいます（図11）。

何のためにプラス端、マイナス端の区別があるのか。これは微小管の形成（重合といいます）に関わることですが、ここではプラス、マイナスがレールの上り下りに対応し、そのレール上を上り専用の車両と下り専用の車両が走っているのだということだけ述べておきましょう。

その運搬用の装置は、モータータンパク質と呼ばれます。まさにモーターとしてものを運ぶ役割を担っています。そのモータータンパク質に上りと下りの2種類がある。上り専用はキネシン、下り専用はダイニンと呼ばれます。キネシンは中心体（マイナス端）から細胞の周辺方向（プラス端）へ積み荷を運びます。ダイニンは逆。なんてうまくできている

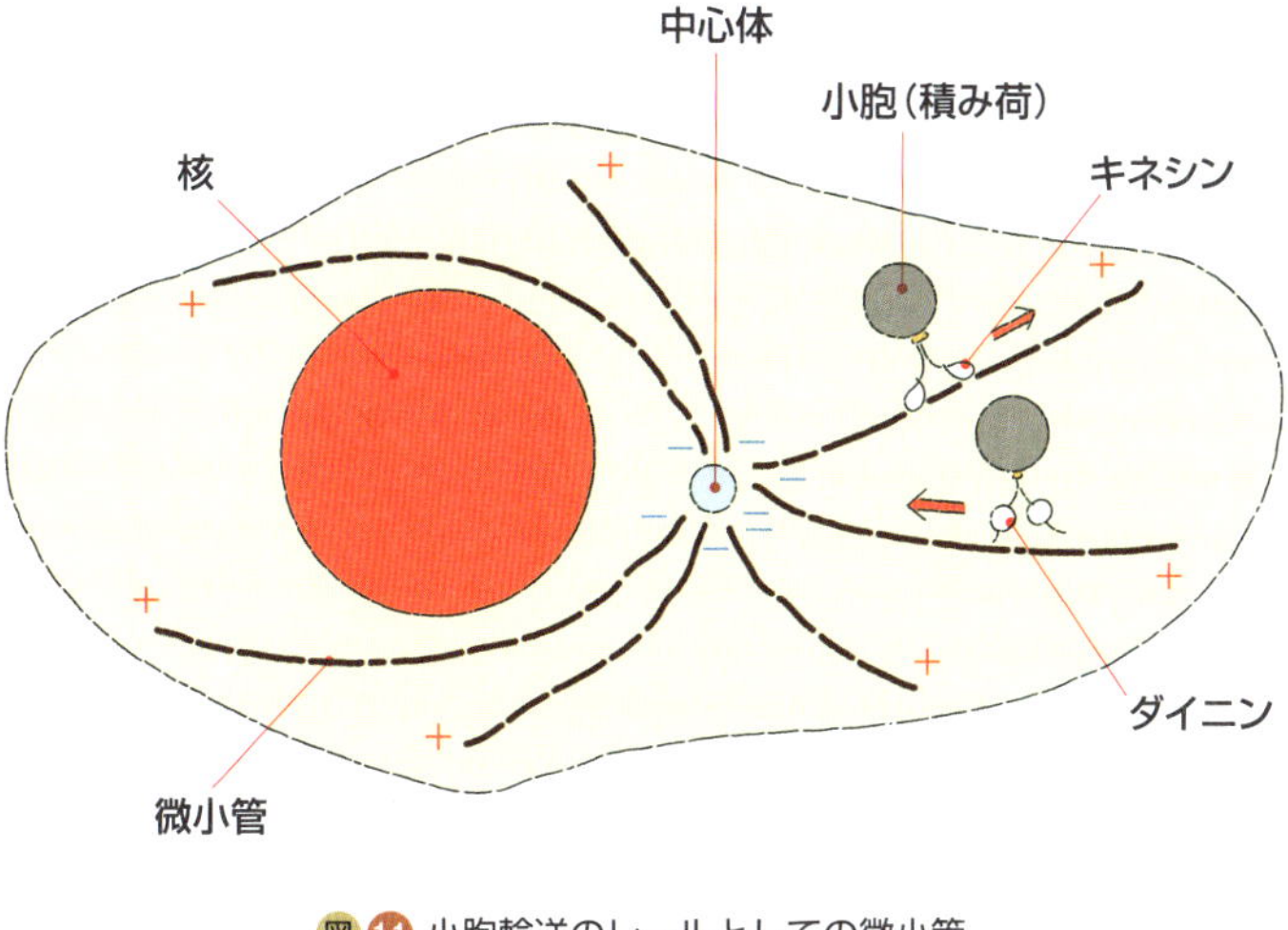

図11 小胞輸送のレールとしての微小管

と思いませんか。

　モータータンパク質とはうまく名付けたと思うのですが、現在の細胞生物学の成果を参照すると、実はモーターというのはやや紛らわしい。別にこのタンパク質自体が回転するわけではないのです。キネシンもダイニンも基本は2本足の構造を持っています。足というとやや問題があるのですが、一端にモータードメインがあり、この部分で微小管に結合します。キネシンは2分子が会合して働きますが、モーター部分に続く棒状の部分が互いにらせん状に絡み合って2分子を会合させます。カイワレ大根のような構造を考えてください。棒状の部分にさらに尾部が続きますが、この尾部を上にして、そこに積み荷を抱えた小胞が結合します。小胞を抱えたまま、微小管の上を2本足（モータードメイン）で歩くのです（図12）。ですから、私たち日本人なら「飛脚タンパク質」とでも呼びたいところです。

　歩くといいましたが、これは決して比喩ではありません。実はこのキネシンやダイニンがどのように微小管上を移動するかについては、長い論争がありました。最近、高速原子間力顕微鏡という技術を用いて、ほぼリアルタイムにこの分子の動きを見ることができるようになり、それによるとキネシンは、まさに2本の足を交互に動かしながら、微小管の上を移動していたのです。ある研究班の班会議で、実際にそのビデオを見せられたときは、さすがに唸《うな》ってしまいました。百聞は一見に如かず！　ATPのエネルギーを使いながら、一歩一歩足を運んでいるのです。なんと健気なと、頭を撫でてやりたいような気分でした。

このような細胞内の物流インフラを活用して、タンパク質は細胞内の必要な場所へ運ばれることになります。

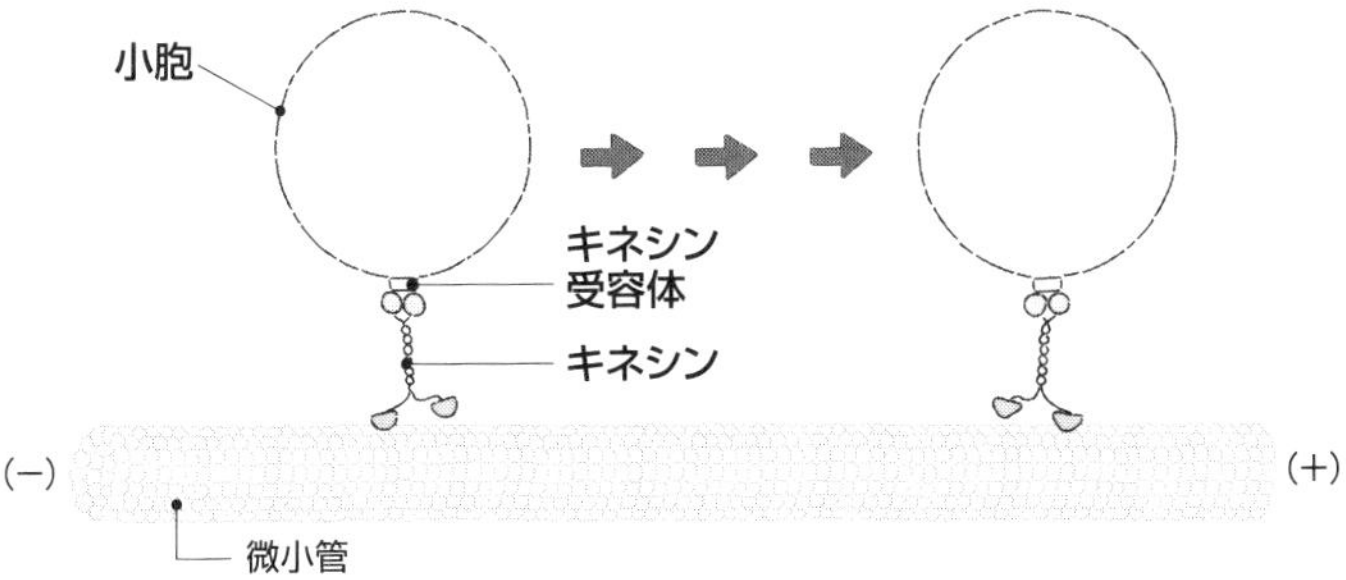

図⑫ キネシンは積み荷を背負って微小管の上を歩く

13 一は他のため、他は一のため
——多細胞生物の意味

細胞には、血液細胞、赤血球や白血球、あるいはリンパ球のように単独で生きている細胞があります。

一方で、種々の臓器を作っている細胞、たとえば心臓を作っている心筋細胞や、脳を作っている神経細胞、小腸で吸収をつかさどって

一人は
みんなのために、
みんなは一人のために

いる小腸上皮細胞など、大部分の細胞は、隣り合う細胞同士が密接な関係を維持しながら、まとまった構造体を作っています。第2章「どのくらいの種類の細胞があるの?」で見たように、ヒトを作っている60兆個の細胞は、約200種類くらいに分けられるといわれていますが、それぞれ同じような種類の細胞同士が集合して、ある程度均一な細胞集団からなる〈組織〉を作り、それがさらに高度に集合して〈臓器〉を作ります。

つまり大部分の細胞は、一人では生きてゆけない〈集団のなかの個〉であるということができます。生きてゆけないわけではないのですが、1つだけ存在していたのでは機能を果たせないのです。胃の粘膜細胞は、同じ細胞が胃の内側をおおうように集まって初めて、消化器官としての胃の役割を果たせるのです。胃粘膜細胞がばらばらにあっちこっちに分散していては意味がないのです。ですから、ここでは細胞と細胞の助け合い、相互作用が重要になってきます。それとともに細胞を取り巻く周りの物質(これを細胞外マトリクスといいます)との相互作用も細胞の生存および機能に重要な意味を持っています。

細胞と細胞、細胞と細胞外マトリクスとの相互作用には、それに働くいくつかの結合様式があります。細胞間接着を中心に見てみましょう。もっとも典型的な細胞間接着として話をしやすいのが小腸上皮細胞です。

小腸は一層の小腸上皮細胞が管構造を作っていますが、直径4センチメートルほどの管が長さ6~7メートルほどにもなります。栄養物の吸収には表面積が大きいほど有利になりますが、実際大人一人の小腸の表面積は、テニスコート1面分くらいにもなります。ちょっとこの計算はヘンですよね。小学校で習った掛け算をしてみても、とてもこんな表面積になるはずがないでしょう。しかし、小腸はその表面積を増やすために、いくつも工夫をしています。まず絨毛《じゅうもう》と呼ばれる無数の突起を出しています。襞《ひだ》を多くするという感じでしょうか。これだけでは不足なので、そのおのおのの絨毛に、さらに微絨毛と呼ばれるきわめて細いブラシのような突起がこれまた無数に飛び出しています。こうすることで、単なる管だった場合に比べて

600倍もの表面積を獲得することができるのです。この微絨毛を作っているのが、一層の小腸上皮細胞たちなのです。

まず細胞同士は、隙間なく隣の細胞とくっついていなければなりません。なぜなら上皮細胞というのは、各組織、各臓器の表面を覆い、それを外界から区分けする役割を持っているからなのです。細胞間に隙間があると、小腸の内側のもの（外界のもの）が、細胞の隙間を通じて、私たちの身体の内部に入ってくることになります。外部と内部は厳密に区別しておかなければなりません。口腔から食道、胃を経て、小腸にやってきた栄養物はあくまで外界のものなのです。バクテリアのような有害な微生物もいる可能性があります。それがバリアーなしで私たちの内部に入ることは何としても防がなければなりません。そこで隣り合う細胞同士の膜を、その上辺で何度も縫い合わせるようにくっつけてしまいます。これはタイトジャンクション（閉塞結合）と呼ばれる結合ですが、このタイトジャンクションのおかげで、小腸内部という〈外部〉から私たちの体の内部を区分けすることができるのです（図13）。

こんなタイトな結合を施してしまえば、栄養物そのものも吸収できなくなるのではないかと思われるでしょう。栄養にはたとえばタンパク質を分解して得たアミノ酸がありますし、あるいはエネルギーのもとになるグルコースなどの糖も取り入れる必要があります。小腸上皮細胞は、それぞれのアミノ酸やグルコースを、小腸の膜を介して細胞の中に取り入れるポンプを持っています（図14）。小腸の中に比べて、細胞の中ではグルコースの濃度が高いので、ここはポンプを使ってグルコースを汲み入れます。低いところから高いところへ水を移すにはポンプのエネルギーが必要ですが、ここではＡＴＰのエネルギーを用いないで、巧妙な方法をとります。Na^+の濃度は細胞の外の方が高いので、Na^+とグルコースを同時に取り込めるポンプを利用するのです。Na^+が高い濃度から低い濃度へ流

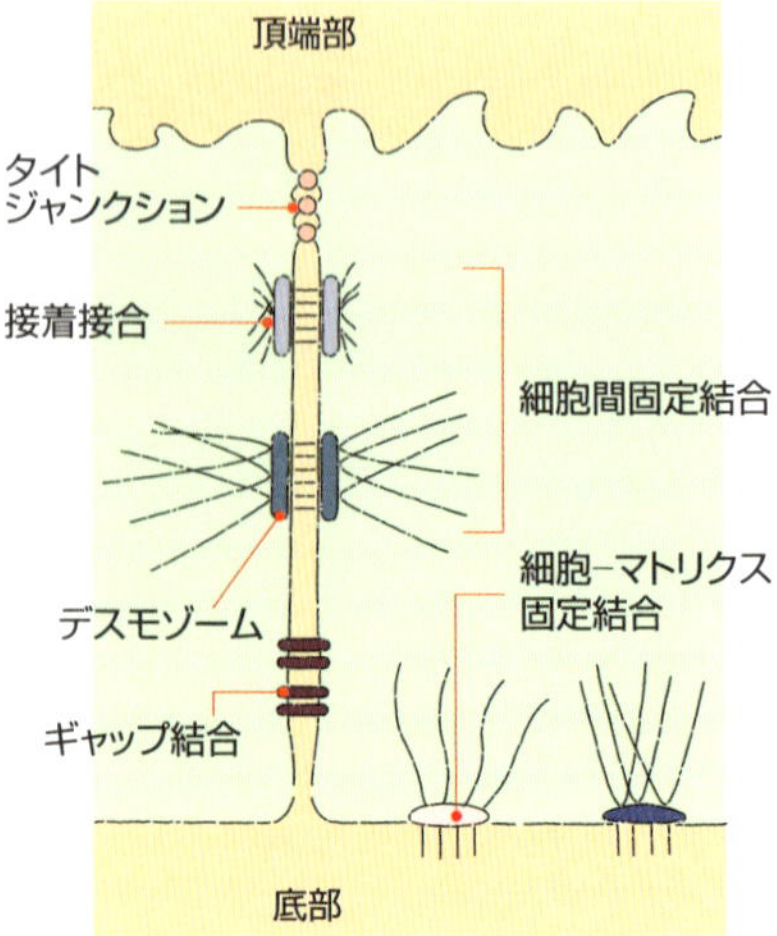

図13 細胞接着装置

れるエネルギーを用いて、グルコースを一緒に低い濃度から高い濃度へ運び入れる。これを共輸送といいますが、じつに賢い方法です。ついでにいっておきますと、Na^+は今度はＡＴＰのエネルギーを使って、細胞の外へ運び出され、細胞の内部は常に濃度の低い状態に保たれるのです。

こうしていったん細胞の中に取り込んだアミノ酸やグルコースを、今度は細胞の下辺で血管などへ放出してやる。今度は濃度の低いほうへ輸送するので、エネルギーは不要です。グルコース輸送体（キャリアー）と呼ばれるチャネル様の構造を用い、グルコースだけを細胞外へ排出するのです。チャネルを開いてやりさえすれば物質は濃度の高い細胞の内部から、濃度の低い外部へ流れ出すという寸法です。このようにして小腸上皮細胞を介した栄養の取り込みが行われています。

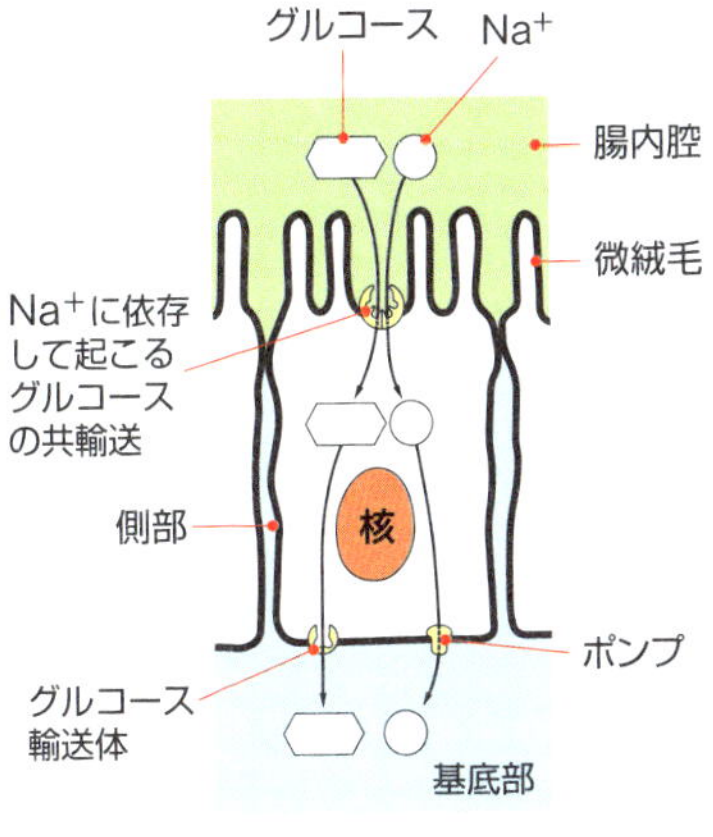

図14 グルコース輸送体

タイトジャンクションは細胞と細胞を隙間なくくっつける役割を持ちますが、細胞同士の結合はそれだけでは維持できません。そこでタイトジャンクションのすぐ下に、今度はジッパーのように細胞同士をくっつけている結合があり、接着結合と呼ばれます。このジッパーにあたるのも膜を貫通するタンパク質で、カドヘリンと呼ばれます。同じ種類の細胞には同じカドヘリンが発現しており、カドヘリンは同じカドヘリン同士しか結合しません。同じ種類の細胞同士が隣り合うのはこのタンパク質の性質によるものなのです。それでも不十分ということでしょうか。細胞同士の結合には、もう一つ別の方法もとられます。デスモゾームと呼ばれる結合で、この場合、細胞膜にボタンのような膜タンパク質からなる構造があり、隣り合う細胞同士のこのボタンがそれぞれくっつくことによって、細胞が結合するのです。

以上の3つが細胞間接着に関与する結合ですが、そのほかに細胞同士の情報交換のための結合があり、これはギャップ結合と呼ばれます。ギャップ結合では、細胞膜にコネクソンと呼ばれるチャネルが形成されます。隣り合う細胞同士でこのチャネルがぴったりくっついて、2つの細胞の内部が互いに連絡し合えるけれど、細胞の外とは隔離されているという構造を作るのです。このチャネルは直径1・5ナノメートルほどのものなので、カルシウムイオン、ATPなど分子量1000以下の小さな分子の通過だけを許します。隣り合う細胞同士が何らかの情報のやり取りをする必要がある場合、たとえば心筋細胞が同調した形でいっせいに収縮運動をする場合、このギャップ結合を介して、細胞同士が互いにカルシウムイオンを伝達することにより同調性を保っています。

多細胞生物の場合も、個々の細胞はそれ自身の代謝をしていますし、それ自身の遺伝子を持ち、分裂したり、あるいは死んでいったりもします。しかし、個々の細胞の働きは、全体としての組織のインテグリティ（全体性）の中で発揮されなければなりません。個々の細胞がなければ全体は成り立ちませんが、全体という文脈の中でしか、個々の細胞の機能は意味を持たないのだといえます。細胞の社会は、ある種の全体主義の社会なのかもしれません。

14

細胞にも寿命がある

私たち動物個体には寿命があります。2013年に初めて、日本人男性の平均寿命が80歳を超えましたが、超高齢社会となり、今や100歳を超える老人も必ずしも珍しくはないとはいえ、いくらなんでも150歳まで生きることはないでしょう。

これまでの記録では、世界でもっとも長生きをしたという人は、フランス人で122歳だそうですが、伝説的にはスコッチウイスキーでよく知られているオールド・パー。このパー爺さんは152歳まで生きたということになっています。オールド・パーはすごくて、なんと100歳を超えて子どもを作ったという伝説まで残

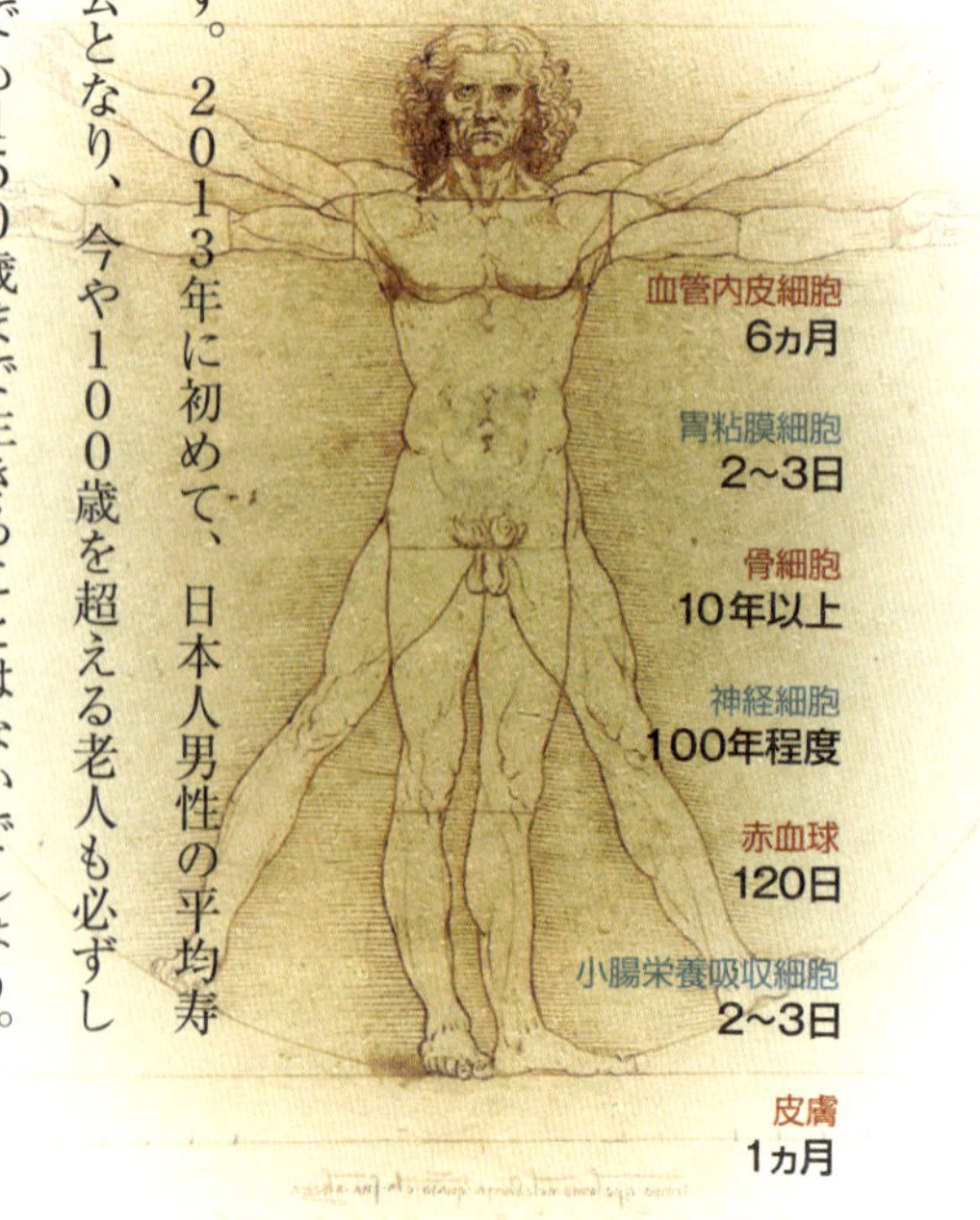

血管内皮細胞	6ヵ月
胃粘膜細胞	2〜3日
骨細胞	10年以上
神経細胞	100年程度
赤血球	120日
小腸栄養吸収細胞	2〜3日
皮膚	1ヵ月

平均1日に全細胞の2%が入れ替わっている。1年で九十数%が入れ替わる

図15 細胞の寿命

っているのです。

私たちヒトの寿命がまあ80歳程度だとして、それでは個体に寿命があるように、個々の細胞にも寿命はあるものでしょうか。答えはイエスですが、そこに行く前に、細胞の寿命とは何かについて考えてみましょう。

細胞には、もっとも単純なものとして大腸菌などのバクテリアがあります。これもれっきとした細胞ですが、バクテリアには寿命はあるでしょうか。大腸菌は適当な温度条件下においてやれば、約20分に1回分裂を繰り返して増えてゆきます。1個の細胞が2つに増えるのですが、これは一方が親で一方が子どもという関係にはありません。ただ1が2になる。2になったほうの細胞は、どちらも同じもの。このような生活をする細胞にはそもそも寿命を規定することができません。

寿命は、性の分化によって出現したといわれます。個体を考えてみれば、性の営みによって子を作る。個体の生命の始まりは、受精によって規定することができます。それ以降、個体が死ぬまでが個体としての生命、すなわち寿命ということになります。

細胞レベルでも酵母になると性が分化してきます。酵母は単細胞の真核細胞ですが、1組の染色体を持つ一倍体と、2組の染色体を持つ二倍体の2つの状態で存在します。一倍体にはa細胞とα細胞の2種類がありますが、これが実は雄と雌にあたり、生活環のある時期にa細胞とα細胞が接合して、二倍体の細胞を作ります。受精のようなものですね。だから酵母は性を持っています。出芽酵母では、一倍体は一倍体として出芽により子どもを作ります。二倍体も同様です。これは体細胞分裂に相当します。この出芽が起きた個所には、出芽痕という痕が残ります。この出芽痕は顕微鏡で見えますが、これを数えれば、その酵母個体が何度出芽したかを判定することができます。これを分裂寿命といいますが、だいたい20〜25回くらいは分裂できるようです。

ヒトのような動物細胞にも、当然細胞レベルでの寿命があります。それもどの種類の細胞であるかによって、その寿命が大きく異なります。もっとも長生きの細胞は、脳の神経細胞で、これはほぼヒトの寿命と同じだけ生きるといわれます。ヒトの細胞のなかでは、超長寿命の細胞だといえます。その代わり、ほとんど分裂をしないで生きていきます。92ページの図15で代表的な細胞の寿命を見てみれば、なるほどとだいたい私たちがその細胞の働きから推定できるような寿命を持っていることがわかるでしょう。

もっとも短寿命の細胞に、小腸上皮細胞があります。この細胞は、3〜4日かけて小腸の微絨毛の根元付近で作られ、次第に微絨毛の先端に移動し、機能を持った上皮細胞となって吸収などの機能に寄与します。そうして働けるようになると、ほぼ1〜2日で死んで脱落してしまいます。私たちの便（ウンチですね）の固形成分のうちの3分の1は、小腸などの上皮細胞の脱落した細胞成分なのです。なんだかセミの一生を見ているようで哀れを覚えますが、吸収という仕事はそれほどにきついということでしょうか。言い換えれば、栄養を摂取するという仕事がいかに大切かを示すものなのかもしれません。

このようにほぼ私たちの全生涯にわたって生き続ける細胞から、１～２日で死ぬ細胞まで、はなはだしく異なった寿命を持って細胞は私たちの中で機能しています。平均すると１日に全細胞の２パーセントが入れ替わっているといわれますが、その割合で細胞が入れ替わり続けると、１年もたてば、私たちの細胞のほとんどは新しくなってしまいます。私という存在は去年と変わらず継続していると思っているのに、細胞レベルでみればまったくの別人ということです。私と思っている〈私〉とはいったい何なのでしょうか。

個々の細胞に寿命があるといいましたが、ヘイフリック（L. Hayflick）という学者が、細胞にはそれ自身に寿命があるということを唱えたのは、１９６１年のことでした。ヒトの体細胞を培養していると、ある回数分裂をした細胞は、それ以上分

裂できないことを発見し、これを「ヘイフリック限界」と呼ぶようになりました。興味深いことに、歳をとったヒトから培養された細胞は、若いヒトの細胞に比べて、分裂回数が少ないこともわかりました。細胞にはどうやら決まった分裂回数がありそうです。

なぜそのような細胞に固有の分裂回数があるのでしょう。これに答えを与えたのは、遺伝子DNAの構造でした。染色体は1本のヒモであることは誰でも知っていますが、ヒモには当然〈端〉があります。遺伝子の複製という観点からは、この端が大問題だったのです。詳細は述べませんが、複製のとき、端っこだけは、どうしても複製できずに一部欠けてしまう部分が残るのです。つまり、細胞が分裂し、染色体を複製するたびに、少しずつ端っこから短くなってしまう。

細胞がすべて入れ替わっても私は私

それでは遺伝暗号が正しく伝わりませんから、生命は工夫しました。短くなってもいいように、染色体の端っこにテロメアと呼ばれる特殊なＤＮＡの断片をあらかじめくっつけることにしたのです。テロメアもＤＮＡの複製のたびに複製されますが、このとき、複製のたびに端にあるテロメアの一部が短くなっていくことが明らかになりました（図16）。テロメアがある長さ以下になるとＤＮＡ複製ができなくなります。これがヘイフリック限界に対応し、このような状態を「細胞老化」と呼びます。

テロメアが細胞の寿命を決めていることを理解するには、環状ＤＮＡを持った生物の分裂回数を考えてみてもいいでしょう。染色体に端があるから、少しずつ短くなり、やがて分裂できなくなる。いっぽう、大腸菌などバクテリアのＤＮＡは環状

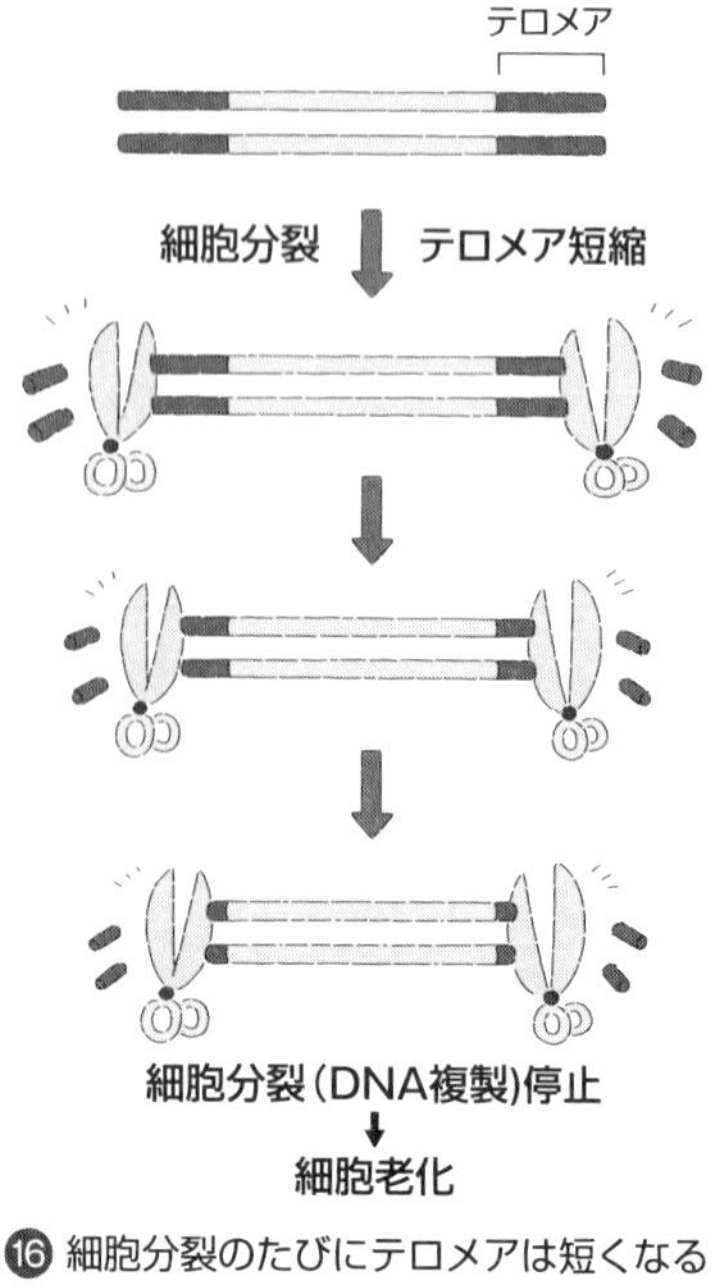

図⑯ 細胞分裂のたびにテロメアは短くなる

の構造を持っています。このような環状DNAではそもそも端がありませんから、何度分裂しても短くなることはありません。ですから、いつまでも（永遠に）分裂を繰り返すことができるわけです。バクテリアに寿命はないと述べましたが、それもテロメアの意味を考えればよく理解できると思います。

テロメアは1度の複製のたびに必ずある一定の長さだけ短くなるのですが、実はこのテロメアを複製して、細胞老化を遅らせるようなメカニズムもあります。これにはテロメラーゼという酵素が関わっていて、テロメラーゼによって短くなったテロメアの複製・伸張が行われます。このテロメラーゼの活性は細胞によって異なっており、細胞の寿命を規定する重要な因子となっています。

がんは恐ろしい病気として知られています。がん細胞は無限増殖性を獲得した細胞で、これを細胞の不死化といいますが、細胞が不死化することで、がん細胞はどんどん増殖し、やがては宿主であるヒトの死を引き起こします。がんの成因や病態についてここでは詳しく述べることはできませんが、がん細胞の不死化にも当然のことながらテロメアとテロメラーゼが関わっています。ヒトのがん細胞の多くのものでテロメラーゼが活性化されていることが報告されています。つまり、がん細胞では、テロメラーゼが活性化されているため、いくら分裂増殖してもテロメアが短くならず、したがってがん細胞が老化して死ぬことがない、不死化を獲得していると考えられるのです。

15 生命の始まり
――受精と発生

ヒトには200種類ほどの細胞があるといいましたが、それらは決してばらばらに

存在しているのではなく、同じ細胞同士が結合し、組織を作ります。組織が集まってさらに胃や膵臓などの臓器を作るのですが、どのようにしてこんなに多様な細胞が生まれ、そして組織化されていくのでしょう。それは発生の問題を問うことになります。

すべての多細胞生物は、受精によってその生命が始まります。1個の卵子（一倍体）と1個の精子（一倍体）が出会い、精子の持っているD

NAが卵子に注入されることによって、受精卵は二倍体となります。この1個の精子の遺伝子だけが卵子に入るよう、受精は厳密な監視のもとに行われます。

受精に際しては、圧倒的な数の精子が卵子に殺到します。ヒトの場合、通常1回の射精で放出される精子の数は、数億といわれますが、実際に子宮まで到達できるのは、その1000分の1ほど。その中のたった1個の精子が排卵期の卵子に到達します。透明帯という卵子を包む透明な膜に精子が結合すると、酵素によってこの透明帯を融《と》かし、精子の頭部および核を卵子の中に送り込みますが、その直後、卵子のまわりには新たな膜ができて（透明帯が閉じて）、次の精子の侵入を阻んでしまいます。数億の精子のうちのたった1個だけが奇跡のようにして卵子に遺伝子を送り込みます。受精というのは、精子にとってはまことに熾烈な競争の場なのだというべきでしょう。

受精して精子と卵子の核が一体化するとすぐに細胞分裂が開始し、3日目には桑実胚と呼ばれる、桑の実状の細胞の塊になります。4日目には、卵割腔といわれる内部の空間ができ、細胞は内部細胞塊と栄養外胚葉（トロフォブラスト）とに分かれますが、内部細胞塊が胚、すなわちのちの胎児へと成長してゆくことになります。5〜6日目に子宮に着床し（図17）、トロフォブラストを介して子宮からの血管が誘導され、胎盤が形成されます。内部細胞塊は基本は2層の細胞層からなり、これが外胚葉と内胚葉と呼ばれるものです。

胚のはじめはこのような外胚葉と内胚葉の2枚の円盤のようなものですが、やがて外胚葉が増殖しながらそのあいだに移動し始め、中胚葉となります（図18）。この中胚葉から脊索というチューブ状の組織ができ、これが将来の脊髄となります。おおまかには外、中、内の3つの胚葉が形成される頃までを初期発生と呼びます。ここまででは胎児は3枚の板上の構造（いわば2次元的な構造）でしかありませんが、やがて外胚葉が全体を包み込むようにして、チクワのように立体的構造へ変化してゆきます。2次元から3次元への展開ですね。

ここでは発生の全ステップを追うにはスペースが足りませんし、それには多くの図と丁寧な説明がなければかえって混乱させるだけになってしまいます。その詳細を述べることはやめて、ここではどのようにして1個の受精卵がいろいろな性質を

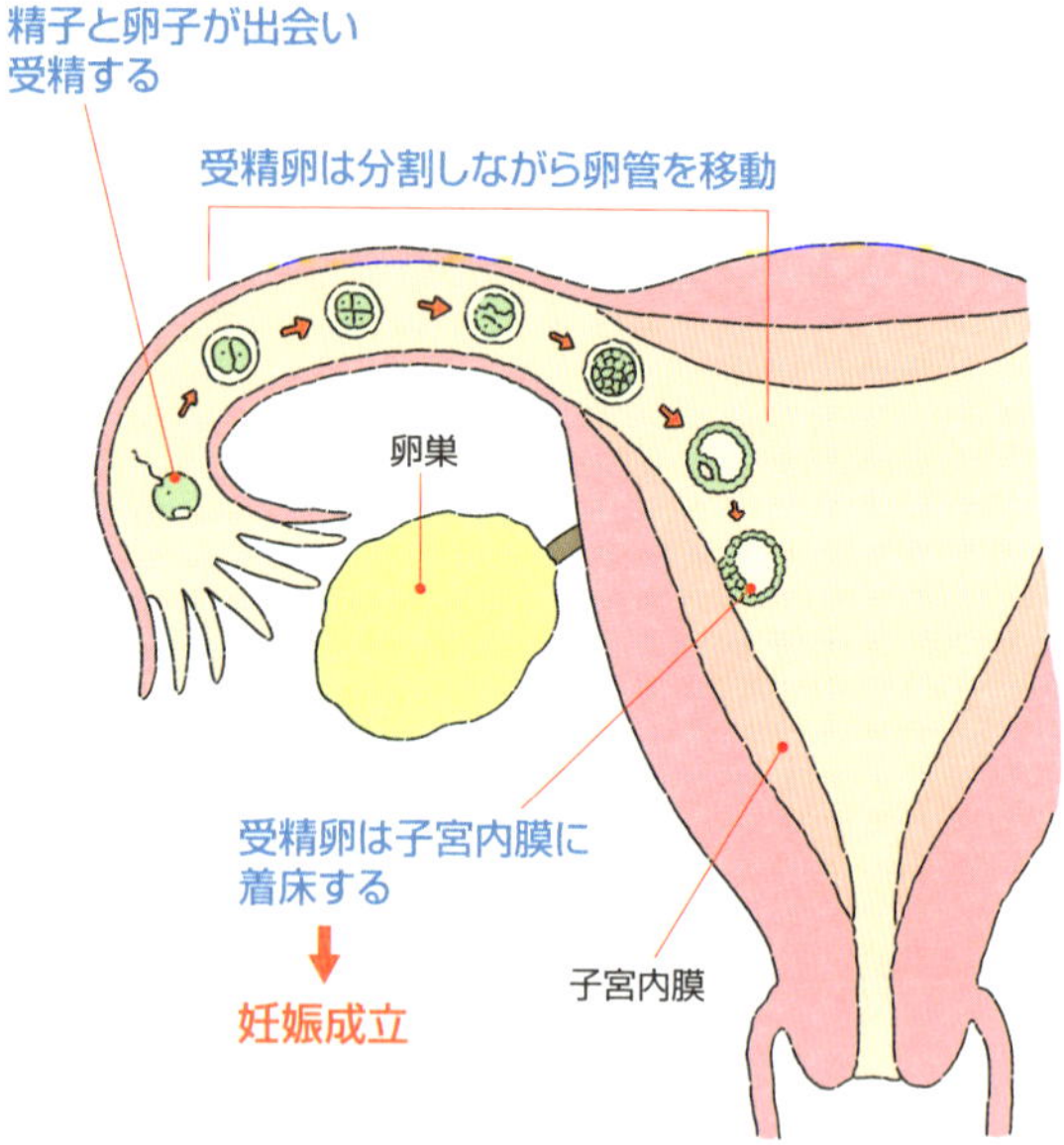

図17 受精から着床まで

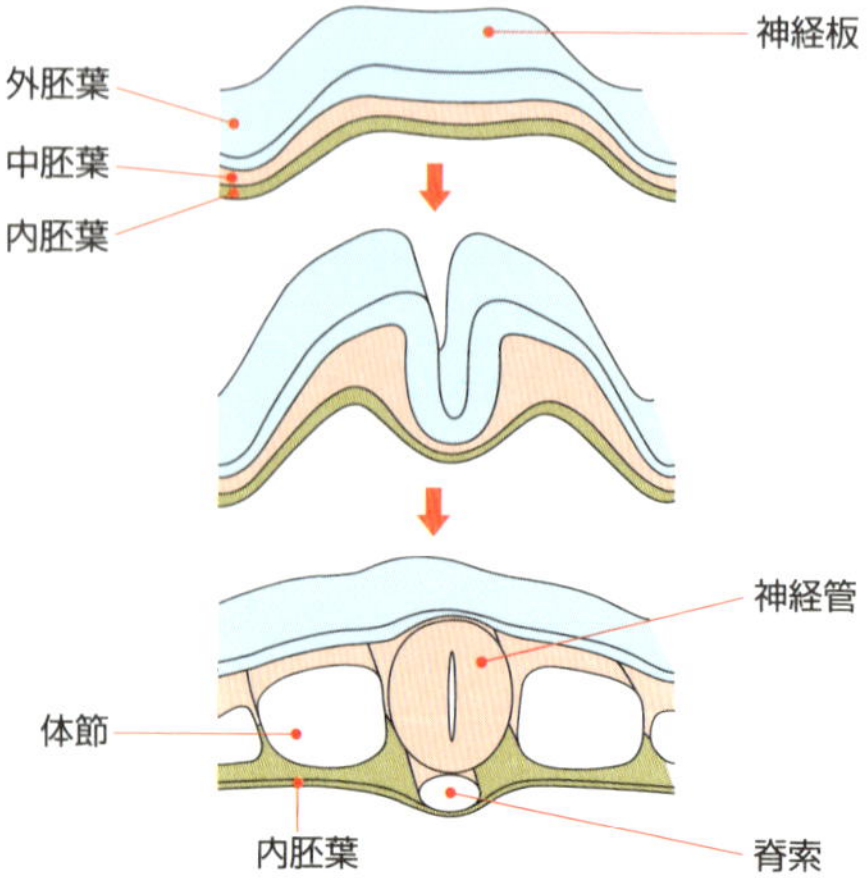

図18 胚葉の分化

持った細胞に分かれていくのか（これを分化といいます）について、その基本的な概念を簡単に説明しておきます。

発生をつかさどるもの、そしてそれを進行させるのは、遺伝子発現を指令するシグナル分子、それとそれによって駆動される転写調節因子、この2つが基本的に重要な役割を果たします。受精卵では、それに固有の遺伝子が発現しており、この遺伝子産物（タンパク質）が、他の遺伝子の発現を調節する因子として機能します。あるものは、細胞の外に分泌されて、他の細胞の遺伝子発現を誘導しますし、あるものは自分の細胞に働きかけて、自己の遺伝子発現を促し、別の遺伝子産物を発現させるものもあります。

このようにして、細胞は単に分裂して増えるだけでなく、分裂しながら、シグナル分子と転写調節因子によって、新しい別の機能を獲得してゆきます。別の機能を獲得するということは、それまでの細胞とは違った細胞になるということで、細胞は時間軸と空間軸に沿って、順序正しく次々に違った機能を持つ細胞に〝分化〟してゆくのです。単なる分裂だけだと、同じ細胞しか増えていきませんが、分化によって細胞間の不均一性が生まれるといってもいいでしょう。しかもその不均一性は、ランダムではなく、厳密にコントロールされた不均一性なのです。Aという細胞がBという別の細胞に分化するためには、Aという性質を持った細胞に、シグナル分子が作用して、一群の遺伝子が発現する必要があります。このように異なった機能を持つタンパク質が働くようになることによって、Aとは違う細胞が作り出されるのです。Aを飛び越して、Bという細胞が生まれることはありえません。細胞の分化と個体の発生は、このようにして厳密に時間的な順序関係が規定されています。

しかしよく考えてみれば、最初は1個の受精卵です。そこからどうして不均一性が生まれるのでしょうか。発生の研究が分子レベルでよく進んでいるショウジョウバエを例にとって簡単に見てみましょう。ショウジョウバエの場合、受精後、卵割をしますが、このとき細胞膜ができて一個一個の細胞が増えるのではなく、核だけが増えて、1個の細胞の中に多数の核を持った状態が生じます。このとき、卵のサイトゾルにおいてタンパク質の存在状態は一定ではなく、不均一に分布しますが、この不均一性が核の遺伝子発現の不均一性を生み、場所によって違った種類の細胞を生み出すもとになります。

ショウジョウバエでは、そのような受精卵における最初のタンパク質の不均一性から、体軸の前後軸、背腹軸、そして左右軸などが順次決定されてゆきます。この3つの軸を基盤として、それぞれの位置における特定の細胞の分化が決定され、それぞれの場で特有の組織と臓器の発達が起こることになります。

発生という過程は、その時間軸に沿って、整然と進行してゆく一連の遺伝子発現の流れととらえることができます。先に発現した遺伝子が次々と下流にあたる遺伝子の発現を引き起こし、それが空間的に配置されることによって、はっきり決まった位置に特有の細胞と組織とそして臓器が形作られてゆきます。個々の細胞にとっては、分裂を繰り返すという円環的な時間の流れがあるだけですが、個体としては受精の瞬間から分化・発生が進行してゆく直線的な一方向的な時間の流れがそこに生まれます。その時間軸に沿ったダイナミックな動きは、驚くべきものであり、発生生物学者を魅了してやまないところといえましょう。

16 幹細胞と再生医療

発生は、細胞の分化に伴った、一方向性の時間の流れですが、個体は時として、この時間の流れを逆流するような現象を呈することもあります。

学生の頃、和歌山県白浜町にある京都大学の臨海実験所というところで合宿をしたことがありました。そこでボートに乗って磯の生物の観察に連れていかれたときのこと、ナマコを引き上げ、教官のかたが、足でごりごりとナマコを踏んづけたのです。するとナマコは、腸管などの消化管を肛門から吐き出しました。教官は、それをぽいと海に投げ入れ、今から1ヵ月ほどすれば、このナマコの内臓はすべて元のとおり戻るから、と涼しい顔でいわれたのに驚いた記憶があります。再生という現象ですね。

再生能力はいろいろな動物に備わっていますが、再生能力の第一人者はプラナリアという扁形動物でしょうね。「切っても切ってもプラナリア」という言葉はどこかで聞いたことがあるかもしれません。京都大学理学部の阿形清和さんの著書のタイトルでもありますが、プラナリアは身体の軸に沿って3つとか5つとかに切り分けても、そこから再生するというから驚きます。

プラナリアは図19のような、ちょっとひょうきんな顔をした生物ですが、体の真ん中で2つ

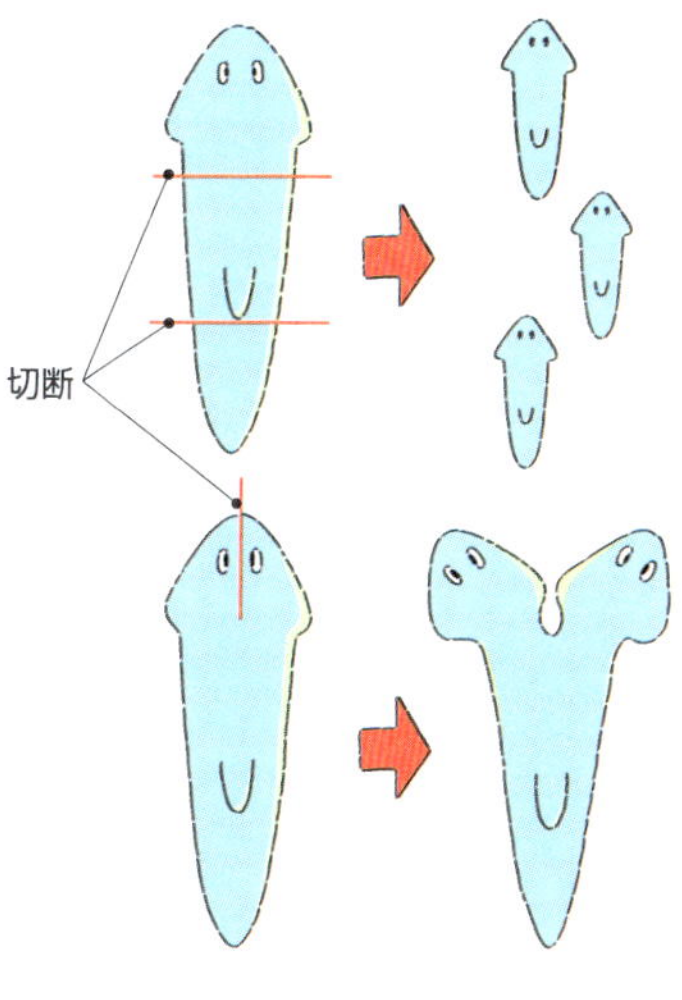

図19 プラナリアの再生

に切れば、1週間ほどで頭部の切断面からは尾部が、尾部の反対側には頭が生えてきます。なぜ頭の反対側には尾が生えてくるのか、なぜもう一つ頭が生えてこないのか。何らかの因子が身体の軸に沿って勾配を作っており、その勾配によって尾になるか頭になるかが決まっているようですが、詳しいことはわかっていません。それにしても、尾部の反対側に脳を含んだ頭部が生えてくるなんてことはちょっと想像がつきませんね。まさに孫悟空の世界です。孫悟空って知っていますか？　中国の四大奇書ともいわれる『西遊記』の主人公です。猿なのですが、觔斗雲《きんとうん》という雲に乗って空を飛ぶこともでき、何より自分の髪の毛を一摑み抜いてふっと息を吹きかければ、たちどころにそれがすべて孫悟空の分身になりました。これって再生ですよね。

では、私たちヒトには再生能力はあるのでしょうか。どう頑張っても髪の毛を抜いて孫悟空のようにはいかないし、手を切っても生

えてくることはありません。やはり再生能力はないのかと思ってしまいますが、実はヒトにも立派な再生能力はあるのです。

生体肝移植という言葉を聞いたことがあると思います。肝臓の機能が悪くなり、移植するしか助からないという場合、患者さんと免疫的にうまく適合する提供者から肝臓の提供を受けて移植手術をするというものです。私たちはそれぞれが独自の主要組織適合抗原という免疫的に非常に重要な分子を持っています。MHC抗原とも呼ばれますが、MHC抗原が違うヒト同士では、組織や臓器を移植しても、宿主によって拒絶されてしまいます。このMHC抗原がうまく一致する、親や兄弟などの近親者からの提供を受けて、肝臓の一部を移植するという手術が可能で

受　精　卵　か　ら　は　じ　ま　る

生命はたった1個の

すが、それでは提供したヒトの肝臓は、なくなったままかといえばそんなことはなく、数ヵ月でもとの大きさにまで再生するのです。この再生能力があるから、生体肝移植が可能になったのですね。

肝臓の再生については、その部分が欠損したから再生したのですが、そのような刺激がなくとも常に再生が繰り返されている組織もあります。皮膚、血球、毛、腸上皮細胞などがそれにあたります。これらの組織では、幹細胞（stem cells）と呼ばれる細胞があって、常に分裂増殖し、それらはやがて皮膚や血球など固有の機能を持った細胞に分化したあと、比較的短時間で死んでゆきます。すでに述べたように小腸上皮細胞は、幹細胞から分化するのに3～4日、分化して働き出すと、ほとんど1～2日で死んで、小腸から脱落し、肛門から排出されてしまいます。

これらの組織では、分化する前の幹細胞がありますが、この幹細胞はあらかじめどの細胞になるかが決まっている細胞で、毛の幹細胞の場合には、毛根を包む毛包だけを作り、決して他の細胞、たとえば肝臓や目の細胞を作るようなことはありません。これらは組織幹細胞（あるいは体性幹細胞）と呼ばれます。組織幹細胞にも、いくつかの階層があって、皮膚のバルジ領域という特殊な領域には、もう少し上流の幹細胞が存在します。これは皮膚の細胞にも、皮脂腺の細胞にも、そして毛を作る毛母細胞にも分化することができます。

幹細胞とは、「自己複製して自らを作り出す能力と、いっぽうで機能を持ったそれぞれ個別の細胞に分化する能力の両方を持った細胞」と定義されます。幹細胞が2つに分裂すると、1つの娘細胞は幹細胞のままであり、もう一方の娘細胞は分化した細胞になります。これを不等分裂といいます。

ここまで述べてきたのは、ある特定の細胞に分化することを運命づけられた組織幹細胞でしたが、幹細胞には、もっと上流の、あらゆる細胞に分化できるような幹細胞もあります。受精卵というのは、そのもっとも最初に位置する幹細胞だということができます。すべての細胞はたった1個の受精卵から出発しているのですから。受精卵以降も、ある段階まではそのような多くの種類の細胞に分化できる幹細胞があり、これを胚性幹細胞（ES細胞）と呼びます。

もう少し正確にいっておくと、幹細胞には、胚性幹細胞、組織幹細胞、生殖幹細胞の3種の幹細胞があります。生殖幹細胞は生殖細胞だけを作り出すように運命づけられた幹細胞ですし、組織幹細胞はすでに説明しましたが、ある特定の体細胞だけに分化することができます。胚性幹細胞は、103ページで出てきた、胚性期の内部細胞塊から分離した細胞で、これは生殖細胞にも体細胞にも分化することができます。この意味で胚性幹細胞（ES細胞）を全能性幹細胞と呼びます。多くの種類の細胞には分化できるけれども、すべての種類というわけにはいかないという幹細胞は多能性幹細胞と呼ばれます。血液幹細胞の場合、赤血球や白血球、リンパ球、好中球などすべての血球細胞には分化できますが、他の体細胞に分化できません。これが多能性幹細胞です。

幹細胞はさまざまな細胞に分化できるのですから、これを用いれば、欠損した組織などを人工的に作り出すことができるはずです。それを生体に戻してやれば、失った機能を回復できるはずです。これが再生医療と呼ばれる方法です。

ＥＳ細胞は、全能性幹細胞ですから、それから肝臓も、膵臓も、神経も作り出すことができるはずです。事実、神経細胞や網膜の細胞などをＥＳ細胞から作り出すことにはすでに成功していますし、膵臓のβ細胞に分化させ、膵臓の原基を作成できれば、糖尿病患者さんにとっては福音になるでしょう。

必ずしもＥＳ細胞からでなくとも、目的に近い細胞を組織幹細胞から作り出すほうがもっと近道のはずです。目的とする組織細胞を人工的に（つまりシャーレの中で培養によって）作り出さなくとも、組織幹細胞を直接欠損した組織に移植することで、その組織の中で分化を誘導し、適合する組織細胞にすることも理論的には可能であり、このような形の再生療法の可能性についても多くの組織に対して研究されつつあります。

ＥＳ細胞を用いる再生医療の問題は何でしょうか。すぐにわかるとおり、ＥＳ細胞は胚性期の内部細胞塊より分離・培養して作られます。ということは、受精卵を壊して作らなければなりません。マウスなどの実験動物の場合はまだしも、ヒトの受精卵の場合、これはたとえ自分の卵であっても1つの命を絶つことにほかなりません。生命倫理の問題が立ちはだかってきます。ローマ法王庁はいち早くES細胞を用いた再生医療に反対の声明を出しました。またES細胞の場合、自分の細胞を用いることは事実上不可能で、他の人の不妊治療で不要になった受精卵などから樹立したES細胞を使う必要があります。この場合には、先に述べたMHC抗原の一致という難しい問題が立ちはだかることになり、すぐに再生医療に結びつけるのはむずかしいでしょう。

そこに登場したのがiPS細胞（人工多能性幹細胞）です。京都大学再生医科学研究所の山中伸弥教授によって報告された細胞ですね。iPS細胞のすごいところは、皮膚などの分化した細胞を用いて、それを幹細胞にまで逆行（初期化）させてやることができたということなのです。すでに述べたように、発生という現象は、時間軸に沿って一定の順序で規則正しく進行する分化のプログラムであり、この発生の時間軸をもとに戻して、分化した末端の細胞から受精卵に近い万能性を持った細胞を作り出すなどということは夢物語と思われていました。

ところがヒトも含め、いろいろな観察から自然界では、分化のプログラムを逆方向に進ませる、すなわち分化した体細胞を発生初期の状態に戻す初期化が実際に起こりうるということが報告されていました。それをまさに人工的に実現してしまったのが、山中伸弥教授のグループだったのです。

山中博士らは、２００６年、マウスの皮膚の細胞（線維芽細胞）を用いて、翌年ヒトの線維芽細胞を用いて、ｉＰＳ細胞を作ることに成功しました。膨大な基礎研究を経てのちに成功した研究ではありますが、結果はあっけないほどの単純な方法であり、まさに世界中を驚嘆させた報告でありました。ヒトやマウスの細胞に、山中因子と呼ばれるたった４つの遺伝子（転写調節因子）を導入してやるだけで、分化した皮膚の細胞から、多能性を持ったＥＳ細胞様のｉＰＳ細胞ができたのです。

実際、種々の培養条件で培養することにより、ｉＰＳ細胞から神経細胞をはじめとする種々の組織体細胞を作り出すことにも成功し、さらにマウスそのものを誕生させることにも成功したのです。マウス・iPS細胞をマウス胚盤胞へ導入した胚を、偽妊娠マウスに着床させ、キメラマウスを作りました。iPS細胞がまさに身体中のすべての細胞に分化できることを直接示したわけです。

iPS細胞の作製によって山中伸弥博士は、2012年、イギリスのジョン・ガードン博士とともにノーベル生理学・医学賞を受賞しましたが、その功績は「成熟細胞が初期化され多能性を持つことの発見」というものでした。わが国では再生医療の側面ばかりが強調されているきらいがありますが、山中博士の発見の科学的に素晴らしいところは、一方向性に決定していると思われていた発生の過程を時間軸を逆に進めて、分化した細胞から多分化能を持った細胞に初期化できるという功績であったのです。

ジョン・ガードン博士はオタマジャクシの腸の細胞から核を抜き出し、核を除いたカエルの卵子に移植しました。するとそこから通常の受精と同じように、オタマジャクシが生まれることを発見したのです。また大人のカエルの皮膚の細胞を使っても同様の実験に成功し、初めて大人の細胞を初期化することに成功したのです。これが1975年のことでした。

それから約30年後、山中博士が同様の初期化が、たった4つの遺伝子だけで可能であることを示したわけです。このインパクトの大きさは計り知れないものがあり、まさにノーベル賞受賞にふさわしいものであります。ちなみに、私が前任の京都大学再生医科学研究所にいた頃、山中博士が若い教授として研究所の仲間に加わりました。たまたま教授室が私の隣の部屋であったことから、親しくさせていただいていましたが、ノーベル賞に至るまでの期間、すぐ横でその研究の圧倒的な進展を目の当たりにすることができたのは、私の研究者としてのキャリアの上でも幸せなことであったと思っています。

分子生物学』という世界的な教科書は、１９８３年に初版が刊行されて以来、この30年のあいだに第６版を数えるまでに改版されてきました。このことからも細胞生物学が、日進月歩の歩みを今なお続けている現在進行形の学問であることがおわかりいただけるものと思います。

本書は、高校生にも手にとってもらいたい、そしてこの分野に、あるいは細胞というものに興味を持ってもらいたいということを常に念頭において書きました。また、大学生や社会人でも、いわゆる理系という分野に距離をおいておられる「理系嫌い」の方々に、いやでも興味を持ってもらおうという挑戦的な気分もどこかにありました。それがどこまで達成できたのかは読者の判断を待つ以外にありませんが、挿絵を描いていただいたキム・イェオンさんと、筆の遅い私を辛抱強く待っていただいた小澤久さんに感謝しつつ、この本をあなたに届けたいと思います。

平成27年3月1日

永田　和宏

た行

さくいん

欧文

あ行

か行

さ行

[著者紹介]

永田和宏（ながた・かずひろ）

1947年滋賀県生まれ。京都大学理学部物理学科卒業。理学博士。森永乳業中央研究所研究員、米国立がん研究所客員准教授、京都大学再生医科学研究所教授などを経て、現在、京都産業大学総合生命科学部教授、京都大学名誉教授。専門は細胞生物学。また、歌人でもある。宮中歌会始詠進歌選者、朝日新聞歌壇選者。2009年紫綬褒章受章。著書に『タンパク質の一生』（岩波新書）など多数。

キム・イェオン

韓国生まれ。アニメーション作家。東京工芸大学卒業、東京藝術大学大学院修了。作品に『ちいさな恋人』『日々の罪悪』、bronbaba『雨の日』（Music Video）など。

細胞《さいぼう》の不思議《ふしぎ》 すべてはここからはじまる

2015年3月25日　第1刷発行

著者　永田和宏《ながたかずひろ》

挿画　キム・イェオン

ブックデザイン　土方芳枝

発行者　鈴木　哲

発行所　株式会社講談社
〒112－8001　東京都文京区音羽2－12－21
電話　出版部　03－5395－3524
販売部　03－5395－3622
業務部　03－5395－3615

印刷所　共同印刷株式会社

製本所　株式会社国宝社

ISBN978-4-06-219451-8　N.D.C.463　127p　19cm　Printed in Japan